湖北省重点马克思主义学院重点资助项目、

华中科技大学华中智库重大专项项目(2021H22K001)

铸牢中华民族共同体意识基地项目（2021ZLXJ007）

成果

中国共产党精神谱系研究

南水北调精神

岳奎 等 著

上海三联书店

南水北调东线工程江都水利枢纽站(图片来源：新华社)

　　2013年11月15日南水北调东线一期工程正式通水，习近平总书记对此作出重要指示，强调"南水北调东线一期工程如期实现既定通水目标，取得重大进展，向为工程作出贡献的全体同志表示慰问和祝贺！南水北调工程是事关国计民生的战略性基础设施，希望大家总结经验，加强管理，再接再厉，确保工程运行平稳、水质稳定达标，优质高效完成后续工程任务，促进科学发展，造福人民群众。"

南水北调中线工程丹江口水库大坝(图片来源：新华社)

2014年12月12日南水北调中线一期工程正式通水。习近平总书记对此作出重要指示，强调南水北调工程是实现我国水资源优化配置、促进经济社会可持续发展、保障和改善民生的重大战略性基础设施。经过几十万建设大军的艰苦奋斗，南水北调工程实现了中线一期工程正式通水，标志着东、中线一期工程建设目标全面实现。这是我国改革开放和社会主义现代化建设的一件大事，成果来之不易。习近平对工程建设取得的成就表示祝贺，向全体建设者和为工程建设作出贡献的广大干部群众表示慰问。

目　录

前言 ……………………………………………………………… 1

第一章　南水北调精神的生成 …………………………………… 1

　第一节　南水北调精神发源于中华优秀传统文化 …………… 1

　　一、传承古今治水文化 ……………………………………… 2

　　二、浸润楚风汉韵的文化传统 ……………………………… 8

　　三、深植华夏文明的深邃哲思 …………………………… 12

　第二节　南水北调精神植根于中国社会主义伟大
　　　　　实践 …………………………………………………… 15

　　一、社会主义伟大建设是南水北调精神形成的实践
　　　　基础 ……………………………………………………… 15

　　二、中国共产党的领导为南水北调精神生成引领了
　　　　方向 ……………………………………………………… 17

　　三、社会主义先进文化为南水北调精神生成提供了
　　　　滋养 ……………………………………………………… 21

　第三节　南水北调精神孕育于南水北调工程伟大壮举 …… 24

　　一、奠定了南水北调精神的集体主义 …………………… 25

　　二、凝结了南水北调精神的鲜明特质 …………………… 31

　　三、注入了南水北调精神的现代理念 …………………… 37

第二章　南水北调精神的研究 ················ 41

第一节　南水北调精神研究的脉络梳理 ········ 41

一、研究的整体成果 ···················· 42

二、研究的主要脉络 ···················· 48

第二节　南水北调精神研究的主要内容 ········ 53

一、南水北调精神的内涵提炼 ············ 54

二、南水北调精神的价值阐述 ············ 57

三、南水北调精神的性质探讨 ············ 60

四、南水北调精神的文化渊源分析 ········ 63

五、南水北调精神的传播途径探讨 ········ 66

第三节　南水北调精神研究的基本特征 ········ 70

一、内容相对集中 ···················· 70

二、要义看法趋同 ···················· 72

三、呈现地域特征 ···················· 76

四、主体日渐丰富 ···················· 76

第四节　南水北调精神研究的辩思展望 ········ 81

一、克服南水北调精神研究的地方本位 ···· 81

二、厘清南水北调精神概念的属种关系 ···· 85

三、强化南水北调精神内涵的提炼方法 ···· 94

第三章　南水北调精神的内容 ·············· 103

第一节　艰苦奋斗 ························ 104

一、调研考察不畏艰辛 ················ 104

二、工程建设攻坚克难 ················ 106

三、移民工作呕心沥血 ················ 110

第二节　舍家为国 ························ 113

一、移民群众心怀大局 ················ 114

二、移民干部为民奉献 ………………………… 116

三、建设工人勇挑重担 ………………………… 119

第三节　精益求精 …………………………………… 122

一、工程规划进行反复论证 …………………… 122

二、工程管理要求科学有效 …………………… 124

三、工程施工追求质量为先 …………………… 127

四、工程效益力求合理多样 …………………… 129

第四节　和谐共生 …………………………………… 131

一、污水治理保护洁净水源 …………………… 132

二、生态廊道打造美丽工程 …………………… 136

三、农业转型践行绿色发展 …………………… 139

第四章　南水北调精神的价值 ……………………… 143

第一节　构筑中国精神丰富内容 ………………… 143

一、中国精神的基本内涵 ……………………… 144

二、南水北调精神是中国精神的当代体现 ……… 146

三、弘扬南水北调精神利于构筑中国精神的丰富
内容 ………………………………………… 151

第二节　厚植社会主义核心价值观 ……………… 155

一、社会主义核心价值观的基本内容 ………… 155

二、南水北调精神是社会主义核心价值观的生动
诠释 ………………………………………… 157

三、弘扬南水北调精神利于厚植社会主义核心价
值观 ………………………………………… 160

第三节　助推美丽中国建设 ……………………… 165

一、美丽中国的基本概念 ……………………… 165

二、南水北调工程是美丽中国建设的现实样板 …… 167

三、弘扬南水北调精神利于助推美丽中国建设 …… 172

第四节　赋能中华民族伟大复兴 ……………………… 176

一、中华民族伟大复兴的基本内涵 ………………… 176

二、南水北调工程是中华民族伟大复兴的具体
实践 ……………………………………………… 178

三、弘扬南水北调精神利于赋能中华民族伟大
复兴 ……………………………………………… 182

第五章　南水北调精神的践行 ……………………… 188

第一节　水利工程建设中践行南水北调精神 ………… 188

一、水利工程建设中践行南水北调精神的意义 …… 189

二、水利工程建设中践行南水北调精神的逻辑
依据 ……………………………………………… 191

三、水利工程建设中践行南水北调精神的思路与
途径 ……………………………………………… 193

第二节　现代公民培育中践行南水北调精神 ………… 198

一、现代公民培育中践行南水北调精神的意义 …… 198

二、现代公民培育中践行南水北调精神的逻辑
依据 ……………………………………………… 201

三、现代公民培育中践行南水北调精神的思路与
途径 ……………………………………………… 204

第三节　全面从严治党中践行南水北调精神 ………… 209

一、全面从严治党中践行南水北调精神的意义 …… 209

二、全面从严治党中践行南水北调精神的逻辑
依据 ……………………………………………… 213

三、全面从严治党中践行南水北调精神的思路与
途径 ……………………………………………… 216

第四节　生态文明建设中践行南水北调精神…………… 221

一、生态文明建设中践行南水北调精神的意义 …… 221

二、生态文明建设中践行南水北调精神的逻辑

依据 ………………………………………… 225

三、生态文明建设中践行南水北调精神的思路与

途径 ………………………………………… 228

结束语 …………………………………………………… 233

后记 ……………………………………………………… 236

前　言

　　南水北调工程作为一项世纪性工程，是迄今为止人类历史上规模最大、施工最复杂、水质要求最严的调水工程。整个工程由初步构想、充分论证、集中建设三个环节构成。从1952年10月毛泽东视察黄河时提出："南方水多，北方水少，如有可能，借点水来也是可以的"南水北调的宏伟构想，到1959年国家《长江流域利用规划要点报告》提出从长江上、中、下游分别调水，到1995年国务院决定对东、中、西三条线组织论证和审查，再到20世纪南水北调工程开工建设，一部南水北调史就是一部新中国的建设史。整个南水北调工程就是中国特色社会主义从孕育到建设，再到迈向中华民族伟大复兴步伐的过程。

　　南水北调工程的建设实践铸融了传统的家国情怀、革命时代的红色基因、现代社会的科学品质、社会主义的价值取向，进而孕育出了南水北调精神。

　　习近平总书记指出："人无精神则不立，国无精神则不强。精神是一个民族赖以长久生存的灵魂，唯有精神上达到一定的高度，这个民族才能在历史的洪流中屹立不倒、奋勇向前。"[①]党的十九大报告指出，社会主义核心价值观是当代中国精神的集中体现，深

---

① 中共中央党史和文献研究院：《十八大以来重要文献选编》(下)，中央文献出版社2018年版，第395—396页。

刻揭示了社会主义核心价值观与中国精神的内在逻辑。南水北调精神的孕育过程不仅展现了中国特色社会主义的发展历程,充分体现了社会主义的制度优势,也充分展现了中国特色社会主义伟大实践的精神风貌,是中华民族民族品质在社会主义建设时期的发展体现,是社会主义价值观在中国特色社会主义实践中的具体体现,是新时代民族精神和时代精神的生动彰显。研究和弘扬南水北调精神必将为增强"四个自信"提供强力支撑,激励人们在实现中华民族伟大复兴的历史征程中奋勇前进。

当前,南水北调精神研究已经取得了阶段性的成果,特别是党的十八大以来有关南水北调精神的研究成果日渐丰富。但也存在内容表述不够精准,独特性不够突出,研究的地域性比较强,具有强烈的中原文化色彩等问题或者说特点。

历史由时代构成,精神与时代同步。恩格斯指出:"每一个时代的理论思维,从而我们时代的理论思维,都是一种历史的产物,它在不同的时代具有完全不同的形式,同时具有完全不同的内容。"①因此,南水北调精神研究的重要前提是准确提炼南水北调精神的内涵。这需要按照"尊重历史、特色鲜明、兼顾现实、彰显价值、表述严谨、通俗易记"的原则加以把握,同时又要克服地方主义本位主义和中线中心主义,扩大南水北调精神研究高度、广度和深度。厘清南水北调工程实践、文化、精神、价值观之间的关系等。

2014年12月12日,南水北调中线一期工程正式通水之际,中共中央总书记、国家主席、中央军委主席习近平作出重要指示,强调南水北调工程是实现我国水资源优化配置、促进经济社会可持续发展、保障和改善民生的重大战略性基础设施。经过几十万建设大军的艰苦奋斗,南水北调工程实现了中线一期工程正式通

① 马克思、恩格斯:《马克思恩格斯选集》第4卷,人民出版社1995年版,第284页。

水,标志着东、中线一期工程建设目标全面实现。这是我国改革开放和社会主义现代化建设的一件大事,成果来之不易。他还指出,南水北调工程功在当代,利在千秋。希望继续坚持先节水后调水、先治污后通水、先环保后用水的原则,加强运行管理,深化水质保护,强抓节约用水,保障移民发展,做好后续工程筹划,使之不断造福民族、造福人民。2020 年 11 月 13 日,正在江苏考察调研的习近平总书记来到扬州江都水利枢纽,了解南水北调东线工程和江都水利枢纽建设运行等情况时也强调:"我国在水资源分布上是北缺南丰,一定要科学调剂。""要把实施南水北调工程同北方地区节约用水紧密结合起来,以水定城、以水定业,调水和节水这两手要同时抓。"①2021 年 5 月 14 日,习近平总书记在河南省南阳市主持召开的推进南水北调后续工程高质量发展座谈会上强调:"南水北调工程事关战略全局、事关长远发展、事关人民福祉。进入新发展阶段、贯彻新发展理念、构建新发展格局,形成全国统一大市场和畅通的国内大循环,促进南北方协调发展,需要水资源的有力支撑。"②同样关注南水北调工程的时任国务院总理李克强也在 2014 年 12 月 12 日作出指示。李克强指出,南水北调是造福当代、泽被后人的民生民心工程。中线工程正式通水,是有关部门和沿线六省市全力推进、二十余万建设大军艰苦奋战、四十余万移民舍家为国的成果。他还向广大工程建设者、广大移民和沿线干部群众表示感谢,希望继续精心组织、科学管理,确保工程安全平稳运行,移民安稳致富。充分发挥工程综合效益,惠及亿万群众,为经济社会发展提供有力支撑。时任国务院副总理、国务院南水北调工程建

---

① 张晓松、朱基钗、杜尚泽:《万里长江绘宏图》,《人民日报》2020 年 11 月 16 日,第 1 版。

② 《深入分析南水北调工程面临的新形势新任务 科学推进工程规划建设提高水资源集约节约利用水平》,《人民日报》2021 年 5 月 15 日,第 1 版。

设委员会主任的张高丽要求有关部门和地方按照中央部署,扎实做好工程建设、管理、环保、节水、移民等各项工作,确保工程运行安全高效、水质稳定达标。此外,2019 年 11 月 18 日,李克强还专门主持召开南水北调后续工程工作会议,指出必须坚持以习近平新时代中国特色社会主义思想为指导,遵循规律,以历史视野、全局眼光谋划和推进南水北调后续工程等具有战略意义的补短板重大工程。南水北调工程从提出到论证到实施,都是在中国共产党的领导下,经历半个多世纪,由国家、社会、群众共同参与实施的宏大系统工程,实践主体的多样性决定了南水北调精神层次的丰富性。正如李克强在 2010 年 10 月 10 日主持召开南水北调工程建设座谈会时的讲话中所强调的:建设好南水北调工程,关系经济社会发展全局,关系中华民族的长远大计,对于缓解北方地区缺水以及地下水超采问题、促进水资源整体优化配置,对于带动沿线地区经济增长、提高人民生活水平和质量,都具有十分重要的意义;南水北调是一项十分复杂的系统工程,这样长距离、大规模的调水,在世界上也是一个难题,必须统筹协调,周密组织,精心施工,攻坚克难,优质高效地推进工程建设,保证按期实现既定目标;要始终把质量作为工程建设的核心任务,全面加强质量管理,努力把工程建设成为一流工程、精品工程、人民群众放心的工程。移民搬迁安置是南水北调工程的关键,要扎扎实实、深入细致地做好工作,实现和谐搬迁、妥善安置,确保移民搬得出、稳得住、能发展、可致富;治污和环保关系南水北调工程的成败,要强化水源保护和水污染防治,确保一池清水入库、一泓清水北上;要切实加强监督管理,合理控制建设成本,管好用好每笔资金,预防和惩治腐败,真正把工程建设成为阳光工程、廉洁工程;有关部门和沿线地区各级党委政府要顾全大局,同心协力,加大工作力度,加快建设进度,完善体制机制,把南水北调工程建设好、运营好,把关系长远发展和保障民生的重大项目规划好、实施好,等等。2021 年 5 月 13—14日,习近平总书记到河南南阳视察南水北调中线工程和水源地丹江口水库,并主持召开推进南水北调后续工程高质量发展座谈会。他在座谈会上强调,水是生存之本、文明之源。南水北调工程是重大战略性基础设施,功在当代,利在千秋。要从守护生命线的政治高度,切实维护南水北调工程安全、供水安全、水质安全。吃水不忘挖井人,要继续加大对库区的支持帮扶。要建立水资源刚性约束制度,严格用水总量控制,统筹生产、生活、生态用水,大力推进农业、工业、城镇等领域节水。要把水源区的生态环境保护工作作为重中之重,划出硬杠杠,坚定不移做好各项工作,守好这一库碧水。他还强调,南水北调等重大工程的实施,使我们积累了实施重大跨流域调水工程的宝贵经验。一是坚持全国一盘棋,局部服从全局,地方服从中央,从中央层面通盘优化资源配置。二是集中力量办大事,从中央层面统一推动,集中保障资金、用地等建设要素,统筹做好移民安置等工作。三是尊重客观规律,科学审慎论证方案,重视生态环境保护,既讲人定胜天,也讲人水和谐。四是规划统筹引领,统筹长江、淮河、黄河、海河四大流域水资源情势,兼顾各有关地区和行业需求。五是重视节水治污,坚持先节水后调水、先治污后通水、先环保后用水。六是精确精准调水,细化制定水量分配方案,加强从水源到用户的精准调度。这些经验,要在后续工程规划建设过程中运用好。

可见,南水北调精神是一个完整的精神综合体。在这个精神综合体中既有国家层面的人民至上精神,又有社会层面的大爱报国精神,更有个人层面的奉献担当精神。党和政府把各方面的资源和力量集中与凝聚起来,集中力量办大事,并把大事办好、办实。

南水北调工程再次证明,集中力量办大事是中国特色社会主义制度的巨大优势,国家统筹是实现集中力量办大事的重要机制;

为了国家发展大计,几十万移民忍痛舍弃家业,挥泪告别故土,义无反顾,无怨无悔;无数基层干部勇挑重担,殚精竭虑、鞠躬尽瘁;无数建设者倾情付出、攻坚克难,生动诠释了社会主义的核心价值,既彰显了以爱国主义为核心的民族精神,又体现了以改革创新为核心的时代精神,又展现了以国家利益为重的伟大爱国主义精神。因此,南水北调精神已经超越了它孕育产生的历史时空,成为我们推进新时代中国特色社会主义事业、实现中华民族伟大复兴的强大精神动力和精神支撑。必将和伟大建党精神、红船精神、井冈山精神、长征精神、红旗渠精神、抗疫精神等精神一样,成为中国共产党精神谱系的重要部分。

第一章

南水北调精神的生成

作为凝聚集体意志、反映共同价值取向、展现时代风貌的南水北调精神，其生成必然受到文化渊源、时代背景、实践基础等要素的影响。南水北调精神不是凭空产生，而是在中华传统文化的浸润下逐步形成的，既有传统治水文化的传承，又有楚风汉韵的展现，更是华夏文明向内哲思的精神结晶。同其他中国共产党历史上形成的精神成果一样，南水北调精神的产生有其独特时代坐标。南水北调精神是在中国共产党领导的社会主义伟大建设中逐步凝实呈现的，具有鲜明的制度特质与魅力。当然，南水北调精神也直接生成于南水北调工程建设的伟大壮举中，是一种伟大的实践精神。研究南水北调精神生成的文化渊源、时代背景、实践基础是我们解读南水北调精神的前提。

第一节　南水北调精神发源于中华优秀传统文化

世界上任何一种人文精神的产生都是以一定的历史背景和发展为基础。马克思在肯定人们创造自己的历史和文化的同时，也强调这种创造并不是"随心所欲的"，而是"在直接碰到的、既定的、从过去承继下来的条件下创造"。① 由此可以看出，南水北调精神

①《马克思恩格斯全集》第8卷，人民出版社1961年版，第121页。

的创造和生成并非无水之源、无本之木,而是扎根于悠久的中国历史中,在中华优秀传统文化中培植、浸润与传承的。

一、传承古今治水文化

由于特殊的地理位置和气候条件,对于水的治理与利用始终是中华民族面临的艰巨任务。"在我们五千多年中华文明史中,一些地方几度繁华、几度衰落。历史上很多兴和衰都是连着发生的。要想国泰民安、岁稔年丰,必须善于治水。"①从远古到现在,在数千年的治水实践中,我们的先辈构筑了诸多规模宏大的水利工程,积累了大量弥足珍贵的实践经验,留下了人水和谐共存的宝贵文化遗产。可以说一部中华水利文化发展史,就是中华民族精神的传承史,从文化传承的视角看,南水北调精神的形成正是对中华民族在与水的抗争、依存水和改造水中,不断孕育、塑造和发展着的治水文化的传承。

(一) 大禹治水文化

先秦典籍《山海经·海内经》记载了禹的父亲鲧,在部族领地河南嵩地治水的故事。"洪水滔天,鲧窃帝之息壤以堙洪水,不待帝命。帝令祝融杀鲧于羽郊。"此处的"堙"是环城堆土,意为在城外筑成堤坝以挡住洪水,这与先秦时期的《淮南子·原道训》中所提到的鲧带领群众筑"三仞之城"一致。鲧所筑之"堙"作为将水患阻挡在城外的工程是我国有文字记载最早的成功防洪水利工程,而这一创造性实践成果,也是我国有文字记载的最早的除害性水

---

① 《"中华民族的世纪创举"——记习近平总书记在河南专题调研南水北调并召开座谈会》,《人民日报》2021年5月16日,第1版。

利工程文化。但是"天人合一"的第一要义在于促进人水关系的和谐发展，鲧所采取的"水来土挡"的策略只能除一时之患，并非长久之计。鲧治水失败后由他的儿子禹接替治水重任。《史记·夏本纪》记载了大禹治水的艰难："（禹）乃劳身焦思，居外十三年，过家门不敢入。薄衣食，致孝于鬼神。卑宫室，致费于沟淢。路行乘车，水行乘船，泥行乘橇，山行乘辇。左准线右规矩，载四时，以开九州，通九道，陂九泽，度九山。令益予众庶稻，可种卑湿。命后稷予众庶难得之食。食少，调有余相给，以均诸侯。禹乃行相地所有以贡，及山川之便利。"对于这段传奇故事，《庄子·天下篇》也有记载："昔禹之湮洪水，决江河而通四夷九州也。"大禹风餐露宿、经风沐雨十三载不回家，进行大规模实地考察，顺应水情开凿疏通等，奠定了华夏四夷九州的地理地貌。

大禹治水载于史册流传于世，特别值得后世研究。据清人洪迈的《容斋随笔》记载："《禹贡》叙治水，以冀、兖、青、徐、扬、荆、豫、梁、雍为次。考地理言之，豫居九州中，与兖、徐接境，何为自徐之扬，顾以豫为后乎？盖禹顺五行而治之耳。"这里所说的"禹顺五行而治之"可追溯到《尚书·洪范》的记载，大禹治水按五行相生排列，相应的治水空间顺序依次是北、东、南、中、西，也就是先下游、再中游、后上游。先治理下游，出口问题解决了，洪水也就很容易消退。由此可见从大处着眼的大局观和分而治之的科学方法，是大禹成功治水的重要经验。宋代诗人陆游在《禹庙赋》中对大禹治水评点说："世以己治水，而禹以水治水也。以己治水者，己与水交战，决东而西溢，堤南而北圮。治于此而彼败，纷万绪之俱起。则沟浍可以杀人，涛澜作于平地。此鲧所以殛死也。以水治水者内不见己，外不见水，惟理之视"。"以水治水"是循水之理，按水的自然规律科学治水，体现"天人合一"中促进人水关系和谐发展的重要理念。《墨子·兼爱》也记载大禹治水使四夷九州所有部落以及他们的子民免于水患的同时,还利用水资源灌溉使天下民众受益。

大禹治水不拘泥于传统而力图创新、顺应自然规律的实践理念,对中国古代社会水利工程的发展产生了极其深远的影响,为后代水利工程文化的形成奠定了必要的思想基础。他在治水过程中的艰苦奋斗、担当为民的英勇事迹展示了中华民族的伟大奋斗精神,这种精神经过世代的传承与弘扬,在南水北调工程建设过程中与时代精神结合,内化为南水北调精神的重要内涵。南水北调工程作为人类调配水资源为我所用的新范例,充分体现了古时大禹由堵变疏、取长补短、互为补充的治水思想,是解决南涝北旱问题,促进人水关系和谐发展初衷的全新体现。

(二) 都江堰文化

鲧用围堵、截断分化的方法防范水患,为人类生存争取空间;禹治水分九州,将水系进行连通,使人类与水更好地共存。先秦文献中还有《管子》记载了管仲为改善齐地人民的居住环境而治水的典故,为人类进一步认识水资源奠定了基础。秦昭襄王时期的著名水利专家、蜀郡太守李冰率众修建的都江堰,是中国较早将治水功效发挥到极致的典范。《史记·河渠书》记载:"蜀守冰凿离碓,辟沫水之害,穿二江成都之中。此渠皆可行舟,有余则用溉浸,百姓飨其利。至于所过,往往引其水益用溉田畴之渠,以万亿计,然莫足数也。"正是因为它的修筑,四川才有了脍炙人口的"天府之国"的美称。晋人常璩在《华阳国志·蜀志》中记载:"于是蜀沃野千里,号为陆海,旱则引水浸润,雨则杜塞水门。故记曰:水旱从人,不知饥馑,时无荒年,天下谓之天府也。"都江堰是我国水利工程史上浓墨重彩的一笔,它是当今世界上历史最悠久、唯一以无坝引水为主要特征的综合性水利工程,具有引水灌溉、防洪排沙以及水运、城市供水等多重效用。

中国自古有"蜀道难,难于上青天"之说,蜀地多高山、丘陵,平原面积仅占四川行政区域面积的 5.9%。岷江上游水流较大,造成大量沙泥堆积,且上游玉垒山等地形复杂,开凿山地难度非常大,加上当时生产力水平较低,铁器、火药等并未广泛应用,总体而言导致水利工程面临排洪、分沙和开凿岩坝三大难题。李冰将整个工程分为渠首和灌溉水网两大系统,渠首又由鱼嘴(分水堤坝)、飞沙堰(泄洪排沙道)和宝瓶口(引水口)等三项主体工程以及金刚堤、人字堤等附属建筑组成。李冰总结前人治水的经验,通过实地勘测和精密的计算分析,根据岷江水情,科学而巧妙地利用地形、地貌,在前人治水的基础上"深淘滩,低作堰",凿开离碓,修筑鱼嘴分水工程,采用无坝引水方式,开凿多条川西北平原人工河道,彻底解决了危害四川盆地的水患,使百姓实现旱涝保收。2000 年 11月,都江堰以其古老、科学、完整、无坝引水为特征的世界之最,载入世界文化遗产名册。2008 年汶川发生 8.0 级大地震,距离震中直线距离仅十几公里的都江堰历经千年依然经受住考验,不能不说是一个水利奇迹。

都江堰虽然是战国时期修筑的水利工程,其建设理念至今仍值得借鉴。一是科学论证、创新求精。工程在岷江出山口修鱼嘴将岷江一分为二,使得宽浅式的河道变成窄深式河床,枯水季节主流通过内江河道东别进入沱水,进一步提高了成都平原沱江两岸的用水保证率。洪水季节通过鱼嘴的分流,将岷江的洪峰削减,从而有效地解决了岷江水害对沿途造成的洪水威胁。都江堰鱼嘴(分水堤坝)的修建,成功地实现了两个转变,一个是从除水害到兴水利的转变;另一个是从防洪到灌溉的转变。二是尊重自然、和谐共生。李冰治水修坝,最显著的特点就是就地取材、尊重自然。世界文化遗产名册对都江堰的评价是:当今世界年代久远、唯一留存、以无坝引水为特征的宏大水利工程,她是人与自然和谐共处的典范。三是心系百姓、舍家为国。都江堰修筑过程中,李冰父子心系百姓,一心扑在工程建设,在父子二人的坚持不懈下实现竣工,为蜀地百姓带来了千里沃野,但李冰也因积劳成疾而逝。后人为纪念李冰父子,在都江堰修建二王两庙,而李冰父子这种心系百姓、舍家为国的精神使得二人被后人尊为川主。南水北调工程的论证、建设与维护同样秉承了都江堰工程所承载的科学论证、和谐共生、心系百姓的理念,并对南水北调精神的形成产生了深远的影响。

(三) 运河文明

京杭大运河与长城、埃及金字塔、印度佛加大佛塔并称为世界最宏伟的四大古代工程。京杭大运河是世界上开凿时间最早、流程最长的一条人工运河,创始于春秋时期,距今已有近 2500 年的历史,是中国古代辉煌运河文明的最佳代表。大运河修筑之初是为了实现水系互通,随后为了促成南北沟通和经济发展,满足北方战事物资运输需要,隋朝时期先后开凿了通济渠、永济渠,修整拓宽了江南运河,并疏浚整修了浙东运河。《资治通鉴》记载:"大业六年十二月,敕穿江南河,自京口至余杭,八百余里,广十余丈,使可通龙舟,并置驿宫、草顿,欲东巡会稽。"由此京杭大运河实现了以今洛阳为中心点,北抵今北京通州地区,南达今浙江宁波,全程2000 多公里的运河航线的全线贯通。京杭大运河是当时全国唯一一条南北走向并沟通东西的大规模运河,因此这一时期的京杭大运河也被称为南北大运河。古往今来京杭大运河的光芒与活力从未消失,由古代社会漕运繁荣到近现代泄洪、航运、灌溉、观赏、北煤南运、南水北调等诸多功能持续发光发热。

南水北调东线工程以京杭大运河作为基础,传承了京杭大运河的运河文明,对中国现代化建设、发展与繁荣起着巨大的推动作用。但是长期以来大运河存在水污染严重的问题，党中央、国务院特别重视运河的污水治理，确立了"先节水后调水、先治污后通水、先环保后用水"的"三先三后"原则，首先解决东线运河污染等生态问题，重新使京杭大运河发挥了水资源和运河工程的综合效益。而今，昔日蓬头垢面的运河变成了当下波光粼粼的景色，运河两岸被绿树环抱，南水北调截污导流工程使大运河重新焕发生机，让河流顺畅清澈，成为人们眼中一道靓丽的风景线。南水北调东线工程改善了大运河曾经造成的污染，清除了河底沉积的淤泥，疏通整治了河道，收集废气污水并经过处理加工，改善了运河的水环境和水质。这不仅体现了治水理念、方式的提升与进步，更从深层次实现了政治、经济、文化、社会、生态全方位的进步，提升了民族的自信心与幸福感。尽管一千多年前的隋唐大运河与如今南水北调东线工程的时代背景、价值取向不同，但大运河修筑过程中劳动人民吃苦耐劳、知难而行的奋斗精神在南水北调工程建设者身上得到了充分彰显，成为南水北调精神不可或缺的重要组成部分。

"绿水青山就是金山银山"，"山更绿，天更蓝，水更清"不仅是我们的满心期待，更是我们努力奋斗可以达到的目标。从大禹治水到都江堰的修筑，再到京杭大运河的开通，古代水利工程所蕴含的丰富治水文化，为新中国成立后的葛洲坝工程、小浪底工程、长江三峡水利枢纽工程、南水北调工程等大型水利枢纽工程奠定了实践基础和水利文明基础。伴随着历史的变迁，中华优秀传统文化中的水利文化也在岁月过往中逐渐丰富，对当代水利事业的发展起到了极大的促进作用，中华优秀传统水利文化由外而内、由浅及深地全方位地影响着南水北调精神的形成，厚实了南水北调精神的文化底蕴，为南水北调精神的形成提供了深厚的文化根基。

二、浸润楚风汉韵的文化传统

楚风汉韵是楚汉文化的别称,包含楚文化和汉文化。楚风主要指丹江与汉水汇流处等地深受楚文化影响而形成的文化特征;汉韵则是中原文化区、华夏文明起源地所形成的中原文化。楚风汉韵形成了中原人文精神和荆楚文化的相互交流、融合,你中有我,我中有你,共同孕育了自强不息、拼搏无畏的艰苦奋斗精神,刚柔并济、兼容并蓄的包容精神,革故鼎新、生生不息的创新精神,忧国忧民、心系家国、勇于担当精神。这种独特的楚汉人文气质传承不息,创造了这片热土的一切,深深影响着南水北调精神的形成,与南水北调精神的内在具有一致性。

(一)自强不息、拼搏无畏的艰苦奋斗精神

艰苦奋斗是中华民族精神的重要体现,也是中华民族能够生生不息的活力源泉。中华传统文化典籍《周易》乾卦有"天行健,君子以自强不息",以中原文化为主体的华夏文明从产生到发展壮大就是以自强不息、拼搏无畏为基本精神。正是这种自强不息、艰苦奋斗的品质造就了中华民族奋发向上的精神气质。一部华夏文明发展史,就是一部中华儿女与自然、与社会进行无畏拼搏的自强不息抗争史。黄帝为统一中原而殚精竭虑,神农为百姓尝遍百草,大禹为治水患而"三过家门而不入",愚公为改善生存环境而代代移山,都是艰苦奋斗的典型事例。从神话传说的女娲补天、精卫填海到大禹治水,从陈胜、吴广农民起义到中国共产党不畏强权推翻反动政权建立中华人民共和国、开启改革开放的新征程到迈入中华民族伟大复兴的新时代,从 1998 年抗击大洪水到汶川地震大救援,从原子弹、氢弹研制到北斗定位系统、嫦娥系统升天,无数前仆后

继的中国人民为生存、繁衍、安全和追求自由、民主、科学进行了不懈努力，甚至付出生命和鲜血的代价。历经磨难的中华民族到近代被列强蹂躏与践踏深刻刺痛了中国人民，正是凭着不畏强暴、拼搏无畏的精神支撑，千千万万人民在中国共产党的正确领导下建立新中国，并不懈奋斗在实现中华民族伟大复兴的征程中，谱写中华民族自强不息和拼搏无畏的命运变奏曲。历史再次证明，中华文明是四大文明古国中唯一没有中断的文明，任何艰难困苦都无法压倒这个文明，反而使它虽历经磨难却能如凤凰涅槃般重生，凭借的正是自强不息、艰苦奋斗精神品质的滋养，诞生于南水北调工程的南水北调精神才格外展露出耀眼的光辉。

（二）刚柔并济、兼容并蓄的包容精神

中华优秀文化既有"天行健，君子以自强不息"，还崇尚"地势坤，君子以厚德载物"。刚强、拼搏、无畏还需要柔韧、包容并蓄才能形成内外兼施、刚柔并济、进退有度、长久不竭的力量源泉。君子刚健中有柔韧就如同天地的包容，与道家对水至柔至强的赞誉——"水以就下"一致，这种海纳百川、兼容并蓄的包容精神也是中华文化的重要内容。中华传统文化有其朴实、倔强、顽强和刚毅的面向，同时还有如水般细腻、温婉而又恬淡的"柔"，也有"海纳百川，有容乃大"的包容等文化品格。在这种刚柔并济、兼容并蓄的开放包容精神的引导下，耕耘在华夏土地上的人民有着坚韧、平和、包容的生活态度，创造着万物生长而不悖的大华夏文明，并以开放、包容的胸怀吐故纳新、互助协作。任何一个水利工程对当时的经济、社会发展水平都是巨大的挑战，作为一个庞大而繁琐的系统工程需要协调人力、物力、财力，不是个别部门能够独立承担，也绝非三五年能平地而起，需要从长计议、层层部署、人人响应。大型工程的建设，如南水北调工程的建设还需要吸收、借鉴国外的先

进技术、理念,结合我国水资源调控的基本国情,综合评估并提出符合解决发展瓶颈和实现可持续发展的一系列工程方案。中国有作为当今世界最大的发展中国家的物质优势,还有"一方有难八方支援"的精神凝聚力,以及牺牲小我而成全国家利益的英雄精神,这些物质基础和精神推动力是落实南水北调伟大工程的现实基础,也是构成南水北调伟大精神的重要组成部分。

(三) 革故鼎新、生生不息的创新精神

《诗经·大雅·文王》中有"周虽旧邦,其命维新",《礼记·大学》有言"苟日新,日日新,又日新",创新是华夏文明的优秀品质,也是华夏文明发展的不竭动力。人类社会从采集渔猎的母系社会到以农耕为主的封建社会,从结绳记事到象形文字使用,从树屋茅舍到华丽高大的宫殿,从原始聚落到城市聚居,从乡约礼俗到法律法规,创新深刻地改变着我们的生活,推动着人类社会的进步发展。六经之首的《周易》讲"易"即变,变易,讲革故鼎新,正所谓"穷则变,变则通,通则久"。创新是一个国家、一个民族发展的前进动力,涵盖各方面、各领域,大到国家治理制度,小到生活用品,都需要创新推动生产生活的进步。正因为创新这一优秀的文化品质,中原文化乃至华夏文明才能够破除故步自封,不满足于现阶段的发展,不断地自我否定、自我更新、自我超越,实现自我强大。地球资源的有限利用可谓"兹事体大",尤其水资源,大则影响着国家的发展,小则关系到百姓的饮食起居,如何利用有限的水资源实现利国利民的可持续发展,如何突破技术限制,实现更大范围更大难度的调水工程,如何实现技术、管理等创新变革,不断推动大国工程的可持续利用,这是大国工程建设必须面对的挑战与责任。应对南水北调工程所面临的技术领域和管理领域等诸多挑战,关键还在坚持创新意识并不断推动创新实践、开拓创新境界。从大禹治

水到都江堰,从京杭大运河到葛洲坝水电站、长江三峡水电站等,一代代建设者和管理者们继承发扬创新精神,直面难题,创新思路,以持续不断的创新实践攻坚克难,确保工程进展和质量,深刻地改变着人类的生存状态和生存环境,同时也为南水北调精神的形成打上深邃的印记。

(四) 忧国忧民、心系家国的担当奉献精神

中国古代以农业耕种为主要生产方式,这也决定了中国农耕文明中独具特色的忧国忧民、心系家国的担当奉献精神。《史记》讲"立德、立言、立功"的"三不朽"就是中国古代士大夫对家国担当的集中体现。不仅士大夫,还有当政者的勤政爱民,知识精英的献言献策,武将戎马生涯的平定一方,普通民众的勤劳持家等均以不同形式体现了中国人浓厚的家国情怀。中国儒家传统经典《大学》即是以"修身齐家治国平天下"为己任,孟子提出"老吾老以及人之老,幼吾幼以及人之幼"不断外推仁爱,墨家创始人墨子提出"兼爱"思想等,诸子百家无不以追求和平、反对战争、提倡友爱惠及天下黎民苍生。这种"穷则独善其身,达则兼济天下"的家国情怀和担当精神,在国家危难、民族危亡时表现得更为强烈。范仲淹的"先天下之忧而忧,后天下之乐而乐",文天祥的"人生自古谁无死,留取丹心照汗青",于谦的"粉身碎骨全不怕,要留清白在人间",林则徐的"苟利国家生死以,岂因祸福避趋之",顾炎武的"天下兴亡、匹夫有责"等肺腑警句,都深刻地诠释了中华民族一以贯之的勇于担当、奉献的民族精神。这种忧国忧民、家国情怀根深蒂固地融化在华夏民族的血脉,支撑着中华民族不断向前进取。在漫长的历史发展进程中,人民强烈的忧患意识与责任意识逐渐化为日常家庭生活的伦理担当,化为工作岗位的尽忠职守,化为对民族独立、国家富强与人民幸福的不懈追求。中国历史的创造者既有孙中

山、毛泽东、邓小平等伟人运筹、领导，也有岳飞、林则徐等时势造就的民族英雄引领、推动，更有千千万万普通民众的参与、推动。他们勇于担当、奉献，甚至舍生取义，牺牲个人、家庭的小我换取集体的利益。正是亿万人民群众的合力推动了国家、民族的不断进步，为中华民族精神添加了丰富的内涵，不断推动中华民族五千余年的辉煌发展，崛起于世界民族之林。在南水北调工程建设中，这种忧国忧民、心系家国的担当奉献精神为南水北调精神的形成产生了深远的影响，使南水北调精神的核心内涵呼之欲出。

三、深植华夏文明的深邃哲思

华夏文明是世界上最古老的文明之一，在历史上一脉相传，延续至今并从未中断。华夏文明的基因底色集中体现在凝聚数千年来华夏人民智慧的结晶，即中华优秀传统文明的哲学基础上，总体而言主要包含天人合一思想，仁民爱物的以民为本的治理思想，和谐共生、可持续发展的生态自然观等，正是植根于深邃的华夏文明，南水北调精神内涵才会如此底蕴深厚、丰富立体。

中华民族自古崇尚天人合一思想。天人合一思想内容丰富，意义深远。先秦《左传》中哲人就开始思考"天道远，人道迩"，发出顺天应人的哲学思考，指导人们认识自然、改造自然的实践。"天人合一"的第一要事，正是体现在人与自然万物的和谐，人们逐渐认识到兴水之利、除水之害的规律。水利工程的"工"字可以解释为：上面横表示"天"，下面横表示"地"，"工"就是连接"天"与"地"的事业。"天"可以理解为自然界，"地"可以理解为人类社会，水利工程就是为人类自身处境的改变而在自然界与人类社会之间探索水资源等天地万物的过程。华夏农耕文明泱泱大国的水情和民情，使得历朝历代统治者要想治国安邦，都必须注重对水的治理。

水利兴则王朝兴,水利衰则王朝败。南水北调工程作为新中国成立以来最宏大的水利工程,在工程建设中造就的南水北调精神正是以天人合一的中华优秀传统哲学思想为基础而升腾阐发的精神财富。

中华优秀传统文明以农耕文明为基础,注重人与自然的和谐共生,重视自然万物存在的意义。这种和谐共生思想蕴含在中国古代思想家关于人与自然万物关系的丰富论述中,是人类生产生活经验和智慧结晶。"钓而不纲,弋不射宿""道法自然"的哲理思想,"劝君莫打三春鸟,儿在巢中望母归""斧斤以时入山林"的经典诗句,"顺时""以时""不违时"的"敬授以时"格言等,这些质朴而睿智的自然观、生态观,至今仍给工业社会和现代人以深刻的警示和启迪。中国古代思想家的天人合一、道法自然不仅适用于农耕社会,也为迈向现代化的当代中国继续坚持和谐共生之路提供有益借鉴,并为维护人类环境做出应有的贡献。尊重、顺应、敬畏自然的思想体现在大禹以疏导的方式顺应水性,管子以治水的特性比拟治国理政,李冰以岷江自然条件为势修筑都江堰等。同样地,南水北调工程的建设也是尊重天人合一、和合共生思想的集中体现。

"以史为镜,可以知兴替",治国先治水、治水即治国,已经是被深刻认同的历史规律。治国之要在于以民为本,遵循仁民爱物的治理思想。故而历代有为的统治者无不把治水作为治国安邦的要务,通过兴水利、除水害来促进经济发展、社会进步和国家富强。《国语·周语上》记载了一段关于邵穆公劝谏周厉王的话:"防民之口,甚于防川。川壅而溃,伤人必多,民亦如之。是故为川者决之使导;为民者宣之使言。"忠臣邵穆公劝谏横征暴敛的周厉王:"用强制手段堵住人民的嘴,就像堵住一条河流。河一旦壅水过高,就会溃决,造成灭顶之灾;国人的嘴被堵住了,带来的危害远甚于河水!治水如同治民,必须让天下人畅所欲言。"周厉王听不进逆耳忠言,依然我行我素,结果导致"国人暴动",自己被逐,周王室从此江河日下,日趋衰微。后世许多政治家从中吸取教训,强调"兼听则明,偏信则暗",在决策制定时应以人民利益为重,注重听取人民意见和建议,集思广益,开创了政治清明、经济、社会发展的良性时局。而南水北调工程正是基于保障民生的出发点进行的系统统筹,前后历经近七十年规划、实施,凝结几代人的心血,是当代中国统筹规划、协调各方力量共建共享的大型战略工程。这一成果归根结底源于中国共产党始终把人民放在心中最高位置的执政理念,这种执政理念是根植人民、心系人民、与人民心连心的"人民至上"原则的生动体现。

中华传统文化呈现满天星斗多元一体的格局,在这样灿若星河的优秀文化格局中,孕育出了大禹治水、都江堰、京杭大运河、三峡水电站、小浪底水利工程、葛洲坝水电站、南水北调等伟大工程,每一个伟大工程都是伟大的中国人民创造的伟业,凝聚着伟大的创造精神。伟大工程孕育伟大精神,而伟大的精神又会为工程建设提供前进的动力,从而创造更多的伟大的工程。南水北调工程不仅是实现水资源数量、空间等不平衡协调的水利工程,更是关系中国未来可持续发展、造福千秋万代人民的重大战略工程、民生工程、生态工程,它是中国古代文明传承、发展的最新成果和重要组成部分。南水北调工程所创造的南水北调精神无疑是中华优秀传统文化的集中体现,总体而言主要包含中华文化核心思想中的天人合一思想、仁民爱物的以民为本的治理思想、和谐共生的自然生态发展观等,凝聚着千百年来人类智慧的结晶,使得中华文明虽历经沧桑磨难仍得以不断传承、发展与壮大。南水北调工程展现在我们面前的不仅是一座崭新的水利工程,更积淀着数千年的中华文明,揭示了经久不衰的文明传承与发展序曲,其中孕育的南水北调精神为中华优秀传统文化的复兴和中华民族的复兴提供更大的机遇和力量。

第二节　南水北调精神植根于中国社会主义伟大实践

理论和思想的内容都来自于当时的历史实际、因时代需要而产生,这是历史发展的规律。不仅如此,理论、思想等都与当时的国家、社会生产力发展水平相符合,以国家既有的生产和社会条件为基础而产生。南水北调精神正是生成于社会主义伟大建设中,在中国共产党的领导下引领了生成方向,并且从社会主义先进文化中汲取了丰沛的养料。

一、社会主义伟大建设是南水北调精神形成的实践基础

伟大的精神源于伟大的工程,伟大的工程需要优越的社会制度、坚实的物质基础、强大的科技创新为支撑,而这三者又统一于中国社会主义的伟大建设中,正是中国社会主义伟大建设为南水北调精神的形成提供了必要的实践基础。作为世界级水利工程的南水北调工程之所以被提出并付诸实现,除了我国水资源的分布及水量情况具备实现南水北调的客观现实,更重要的原因还在于中国综合国力的显著提高、中国社会主义制度的优势,以及国家科学技术水平的不断提高。

首先,社会主义制度集中力量办大事的制度优越性,为南水北调工程奠定了制度基础。习近平总书记强调:"我们最大的优势是我国社会主义制度能够集中力量办大事,这是我们成就事业的重要法宝。过去我们搞'两弹一星'等,靠的是这一法宝,今后我们推

进创新跨越也要靠这一法宝。"①集中力量办大事是中国共产党的一贯主张和优良传统，是中国特色社会主义制度优势的突出特征。其优势在于，能够在党中央的领导下，坚持全国一盘棋，汇聚各方资源，针对经济社会发展中的大事、难事、急事，做到突出重点、瞄准焦点、攻克难点。国外很多水利专家提起南水北调工程，都无不感叹中国社会主义制度集中力量办大事的优越性。这种无与伦比的优越性，是确保跨流域调水顺利实施的重要因素，如大规模移民征迁在西方是不敢想象的事情，而在南水北调工程中依靠社会主义制度的优越性都得到了妥善解决。社会主义制度可以集中国家的力量，可以集中一切可以集中的资源，可以集中人民智慧，最大限度地调动方方面面的积极性、创造性，实现资源的最佳组合和生产调配的最佳效应。从社会主义制度中孕育的集体主义精神，与牺牲小我、为国家为民族的大无畏精神，不仅是社会主义制度优越性的体现，也是南水北调精神的精髓所在。

其次，中国综合实力的显著增强，为南水北调工程的实现奠定了坚实的物质基础。1949年新中国刚成立时，中国的综合国力与名列前茅的美国、苏联、英国、法国差距很大。1978年以来伴随着改革开放的不断扩大与深入，中国经济以平均每年近10％的增长率保持了高速的发展。当2002年中国开启南水北调工程建设时，中国的钢铁、原煤、水泥、化肥、棉布等工业产能和肉类、棉花、花生等农业产能均居世界首位，原油、电力等工农业产值居世界前茅。经济实力的增强为实施大规模调整水资源的布局奠定了坚实的物质基础。南水北调工程规划阶段的总投资接近5000亿元，是1957年中国GDP总量的四倍多，相当于改革开放初1979年GDP总量的投资额，这在改革开放之前是无法实现的。2010年中国的

---

① 习近平：《习近平谈治国理政》，外文出版社2014年版，第61页。

GDP 总量排名世界第二,为南水北调工程的进一步实施奠定了更加坚实的物质基础。截至 2014 年中线、东线工程通水,南水北调工程投资建设已逾 5000 亿元,这是中国综合实力提供的现实保障。没有雄厚的国家实力,南水北调工程的伟大构想也不能美梦成真,而南水北调精神也不可能孕育而生。

最后,改革开放以来中国科学技术实力的显著提高,为南水北调工程奠定了技术基础。纵观人类几千年的发展历史可以发现,创新始终是一个民族、一个国家兴旺发达的不竭动力,没有科学技术上的创新就不会有南水北调工程建设的成功。改革开放以来,随着科教兴国战略的确立,我国科技事业也迎来了新的发展阶段。通过建成一批国家级重点实验室,实施一批重大科学工程,建设一批国家工程技术研究中心等重大项目,我国在科学领域不断取得新的突破,在某些领域已跨入世界先进行列,并从追赶者变为领跑者,这些科学技术的创新为跨流域调水提供了技术支持。从世界范围来看,跨流域调水存在诸多技术难题,甚至是世界顶尖难题,中国凭借强大的科研投入、课题研发、科学论证、严谨施工等,不断推进科技创新,进而全力保障南水北调工程的推进。

二、中国共产党的领导为南水北调精神生成引领了方向

南水北调工程之所以能够创造世界工程的伟大奇迹,不仅在于工程以强大的综合国力与发达的科学技术作为支撑,更源于在中国共产党的坚强领导下,广大共产党员坚定初心与使命,把全心全意为人民服务贯穿于南水北调工程的各个方面,在工程建设中与人民群众心连心,共同攻克了一个又一个难题,创造了一个又一个奇迹。中国共产党的坚强领导为南水北调精神的生成引领了方向。

首先,中国共产党为人民服务的宗旨始终贯穿南水北调工程。"我们党来自人民、扎根人民、造福人民,全心全意为人民服务是党的根本宗旨。"①中国共产党从成立、发展到壮大,从土地革命到社会主义建设和改革开放以来都始终同人民群众心连心、同呼吸、共命运。在实践中,中国共产党始终以人民生活是否真正得到改善,人民权益是否真正得到保障作为检验一切工作的成效。南水北调工程最早的设想源于 1952 年毛主席视察"天上来"的黄河水时发出"借水"的感慨,从此这一为国家发展和提升人民生活为主旨的宏伟设想成为了中国共产党坚定的政治理想和政治任务,并随即开启了实践调研。即便在"大跃进"等困难时期,陶岔水库、丹江口水库的修筑工作依旧按部就班地进行着。1978 年邓小平同志主持工作并视察丹江口水库工程的建设情况,为南水北调工作的建设指明了方向。随后中央召开多次会议讨论南水北调工作。江泽民在中共十五届五中全会上指出:"对北方地区的缺水矛盾,要采取多种方式加以缓解,在搞好节水和水污染防治工作的基础上,加紧南水北调工程的前期工作,尽早开工建设。"②在江泽民的关心下,一年之后,中国正式向世界公布兴建酝酿五十多年的南水北调工程。2004 年 3 月胡锦涛在人口资源环境工作座谈会上强调:"南水北调是缓解我国北方水资源短缺和生态环境恶化状况、促进全国水资源整体优化配置的重要战略举措"③,指出了南水北调工程对于人口、资源、环境、人的全面发展的重要性。在党的全面部署下,2014 年 12 月 12 日南水北调中线一期工程正式通水,标志着东、中线一期工程建设目标全面实现,习近平做出重要指示要

① 习近平:《习近平谈治国理政》第 3 卷,外文出版社 2020 年版,第 182 页。
② 江泽民:《江泽民文选》第 3 卷,人民出版社 2006 年版,第 230 页。
③ 中共中央文献研究室:《十六大以来重要文献选编》(上),中央文献出版社 2005 年版,第 858 页。

求，"加强运行管理，深化水质保护，强抓节约用水，保障移民发展，做好后续工程筹划，使之不断造福民族、造福人民。"①半个多世纪的建设历程中，中国共产党"全心全意为人民服务"的根本宗旨一直贯穿于南水北调工程建设的全过程，共产党人一直以自己的实际行动践行为人民谋幸福，为民族谋复兴的初心和使命。

其次，共产党人在移民征迁中始终发挥先锋模范带头作用。移民征迁是困扰世界水利工程建设的共同性难题，素有"天下第一难"之称。南水北调移民工程涉及工作非常巨细，从移民前的人口核定、土地核定、宣传动员，到移民新居的住房分配、分户分地，再到生产生活等130多个规定动作外，还要做好民众安抚慰问、协调矛盾等工作。为此各级党组织和政府一方面向移民群众普及南水北调工程对于实现我国水资源优化配置、促进经济社会可持续发展、保障和改善民生的重要性，一边着力解决移民群众的后顾之忧，使移民群众能够搬得出、住得下、稳得住。与此同时，库区、干渠沿线和移民新村等地灵活机动地设置党组织，充分调动发挥党员先锋模范带头作用和基层党组织的战斗堡垒作用，让党旗飘扬在移民工作的每一个环节、每一个关键时刻。湖北、河南、安徽等省多地成立了临时党委，并组织设有移民党委、移民党支部、移民党小组、移民党委小分队，将党组织网格化覆盖到移民工作的各处。在移民新村安置移民生活时优先为移民解决各种生产生活困扰，党员的先锋示范带头作用和任劳任怨、不计得失、24小时待命移民工作的身影深入人心，并感动着广大移民者，甚至有多名党员牺牲在移民一线，他们这种震撼人心的拼搏精神和先锋模范精神是中国共产党员的榜样，也是党组织有力度的充分表现。正是党

---

① 李姿阅、杨世尧：《习近平就南水北调中线一期工程正式通水作出重要指示要求》，《人民日报》2014年12月13日，第1版。

组织的有力领导，在移民搬迁和工程建设的一线，人们总能看到广大党员和干部不畏艰难、冲锋在前的身影，这些身影犹如一面面鲜红的旗帜深深影响着周围的群众，使每一个群众都感受到蕴含在党员工作中的初心与使命，形成了南水北调精神在人民群众中的传播网络。

最后，人民群众响应国家规划的无私奉献精神是南水北调工程建设的强大后盾。在南水北调实践中，中国共产党始终相信人民、依靠人民，保持同人民群众的血肉联系，着力解决移民群众最关心、最现实的利益问题。共产党人为民着想、为民实践的精神感动着每一个移民群众，征迁的百姓也以自己的行动回应党和祖国的号召。在搬迁过程中，广大库区移民为了顾全国家整体利益，为了让更多的城市和人民用上、喝上干净清澈的南方水，毅然决然地抛家舍业，告别故土，以无声的誓言和坚定的行动诠释了朴素的爱国情怀。这种爱国精神，充分体现了移民群众以国家、民族大局为重，甘愿牺牲奉献的宽广胸怀，体现了家庭、个人利益服从国家利益的高度政治觉悟和舍家报国的高尚情操，丰富了南水北调的精神内涵，反映了南水北调精神的时代特色。正如习近平总书记指出的"南水北调东线工程取得的重大成就，离不开数十万建设者长期的辛勤劳动，离不开沿线 40 万移民的巨大奉献。"①没有这些甘愿奉献的移民群众，南水北调工程也不会迈开最为重要的第一步。

南水北调工程从初期设想到论证、设计、实施、投入运营共经历六十八年的时间，在将近七十年的岁月变迁中，无论国内环境发生何种变化，世界格局发生何种改变，中国共产党始终紧紧依靠人民、相信人民，以实际行动践行为中国人民谋幸福、为中华民族谋

① 谢环驰：《贯彻新发展理念构建新发展格局推动经济社会高质量发展可持续发展》，《人民日报》2020 年 11 月 15 日，第 1 版。

复兴的初心和使命,这种全心全意为人民服务的实践历程始终贯穿于南水北调精神演进的全过程,引领南水北调精神的价值取向,使南水北调精神流淌进每一个中华儿女心中。

三、社会主义先进文化为南水北调精神生成提供了滋养

社会主义先进文化是在党领导人民推进中国特色社会主义伟大实践中,在马克思主义指导下形成的面向现代化、面向世界、面向未来的、民族的、科学的、大众的社会主义文化,代表着时代进步的潮流和发展要求,而南水北调精神正是在汲取社会主义先进文化中充盈丰满。

社会主义先进文化涵养了南水北调精神的时代性特质。先进文化的生命力就在于在社会实践中不断发展和创新,在社会主义伟大建设中,世纪工程不断涌现,以这些特定大型工程建设为载体铸就了工程型精神。例如"自力更生、艰苦创业、团结协作、无私奉献"的红旗渠精神;"热爱祖国、无私奉献,自力更生、艰苦奋斗,大力协同、勇于登攀"的"两弹一星"精神;"科学民主、求实创新、团结协作、勇于担当、追求卓越"的三峡精神;"挑战极限,勇创一流"的青藏铁路精神;"特别能吃苦、特别能战斗、特别能攻关、特别能奉献"的载人航天精神等,这些精神是践行马克思主义思想路线的重要成果,也是社会主义先进文化的集中体现,它构筑起新时代具有强大凝聚力和感召力的中国精神、中国价值和中国力量,成为当代中国最鲜明的精神标识。[①] 正是在这些精神的感召下,南水北调工程涌现了一大批优秀建设集体和优秀建设者。例如南水北调建

---

① 蒋艳:《社会主义先进文化与社会主义核心价值观的共同属性论》,《思想教育研究》2019 年第 1 期。

设者高必华五年如一日扎根黄河岸边,无怨无悔,无私奉献,在艰苦的岗位上作出了不平凡的业绩,带领中线穿黄项目部,在工程管理、技术创新、队伍组建、关系协调等方面,取得了突出成就。在工作作风上,高必华深入一线,扎根基层,科学求实,精益求精,赢得了工程建设者和地方政府的充分信任;在工程建设中,高必华视工地为家,团结身边同志,虚心学习,刻苦钻研,成功破解多项技术难题;在工程管理上,针对工程建设不同时段,他能够理清思路,抓住重点,敢于探索,不断取得工程新进展;在关系协调上,高必华积极与设计、监理等单位以及当地政府部门协调,谦虚谨慎,努力营造和谐环境,建设一流工程。高必华于 2005 年获得全国劳动模范和先进工作者,这是南水北调系统职工第一次获得此项殊荣,这也是社会主义先进文化的时代特性在南水北调建设者中的集中体现。

社会主义先进文化涵养了南水北调精神的科学性品格。社会主义先进文化是民族的、科学的、大众的社会主义文化,代表着时代进步潮流和发展要求。[1] "现在,我国经济、社会发展和民生改善比过去任何时候都更加需要科学技术解决方案,都更加需要增强创新这个第一动力。"[2]党的十八大以来,以习近平同志为核心的党中央高度重视科技创新工作,把创新作为引领发展的第一动力,多次强调"科技是国家强盛之基,创新是民族进步之魂。自古以来,科学技术就以一种不可逆转、不可抗拒的力量推动着人类社会向前发展。"[3]南水北调工程建设者在工程科技工作中牢牢把握科技创新的理念,比如:完成了包括丹江口水利枢纽混凝土坝加

① 汤玲:《中华优秀传统文化、革命文化和社会主义先进文化的关系》,《红旗文稿》2019 年第 19 期。

② 习近平:《在科学家座谈会上的讲话》,《人民日报》2020 年 9 月 12 日,第 2 版。

③ 中共中央文献研究室:《习近平关于科技创新论述摘编》,中央文献出版社 2016 年版,第 27 页。

高施工技术规定与质量标准、渠道混凝土衬砌机械化施工技术规程在内的 13 项专用技术标准；申请并获得重力坝加高后新老混凝土结合面防裂方法、长斜坡振动滑模成型机等数十项国内专利；大型渠道混凝土机械化衬砌成型技术与设备等科技研究成果获得了国家与省部级科技奖。社会主义先进文化不仅指以客观理性和具有可检验性的知识范式，也体现在指导思想、发展方向和思维方式等方面。强制搬迁已成过去，以人为本、和谐搬迁才是时代的要求。南水北调移民征迁中，各地围绕移民后续帮扶工作创新村务民主管理，让移民自治焕发生机；创新经济组织管理，给新村发展注入活力；创新社会服务管理，为移民安居乐业营造氛围，这些指导思想、思维方式的创新正是社会主义先进文化科学性品格在南水北调工程中的具体体现。

　　社会主义先进文化孕育了南水北调精神以人民为中心的价值理念。社会主义先进文化是为了人民、服务人民的文化，社会主义文化的先进性，不仅体现在它建立于唯物史观和唯物辩证法这一认识世界和改造世界的科学方法论基础之上，而且也体现在由这一科学方法论所形成的价值取向和精神追求之上。相信谁、依靠谁、为了谁，是否站在最广大人民的立场上，是区分唯物史观和唯心史观的分水岭，也是判断马克思主义政党的试金石。党的十八大以来，习近平总书记多次在不同场合提到"坚持以人民为中心"，他强调指出："中国共产党人的初心和使命，就是为中国人民谋幸福，为中华民族谋复兴"，①"把人民对美好生活的向往作为奋斗目标"。② 人民性立场不仅是社会主义先进文化前进的根本方向，同时也深深熔铸在南水北调工程建设和精神形成中。在新时期的世

① 习近平：《习近平谈治国理政》第 3 卷，外文出版社 2020 年版，第 1 页。
② 习近平：《习近平谈治国理政》第 3 卷，外文出版社 2020 年版，第 135 页。

纪大移民中,南水北调沿线的广大移民干部牢记党全心全意为人民服务的宗旨,把移民群众当亲人,无私奉献,忘我牺牲,仅在南水北调中线工程大移民中,湖南、湖北两省共牺牲党员干部 18 人,另有 103 人致伤致残,300 人晕倒在搬迁第一线。[①] 这些党员干部秉承以人民为中心的立场,始终以群众满不满意、高不高兴、答不答应为工作的出发点和落脚点,用实际行动谱写了一曲执政为民、和谐移民的颂歌,为南水北调精神注入了和谐、融洽、感人的时代内涵。

习近平总书记强调:"没有先进文化的积极引领,没有人民精神世界的极大丰富,没有民族精神力量的不断增强,一个国家、一个民族不可能屹立于世界民族之林。"[②]一个民族的复兴需要强大的物质力量,也需要强大的精神力量,新中国成立以来 70 余年的发展正是在推进经济、政治、社会发展实践中重视社会主义先进文化的建设才取得今天的建设成果。同样地,社会主义先进文化也会不断推动社会主义建设事业走向更深更远,两者相互促进、相得益彰,南水北调精神是汲取社会主义先进文化孕育而成的优秀文化成果,是社会主义先进文化在当代的创新性发展和创造性转化的硕果。

第三节　南水北调精神孕育于南水北调工程伟大壮举

伟大实践孕育伟大精神,伟大精神促进伟大实践。一种精神的形成离不开社会实践的磨砺,一种精神的弘扬也离不开社会实

---

① 南水北调干部学院:《一渠丹水写精神:南水北调中线工程与南阳》,人民出版社 2017 年版,第 158 页。

② 中共中央文献研究室:《习近平关于社会主义文化建设论述摘编》,中央文献出版社 2017 年版,第 7 页。

践的承载。南水北调工程经历了半个多世纪的酝酿、筹划,经过了
数十载的艰苦建设,最终于 2013 年和 2014 年分别实现东线和中
线一期工程的通水。作为迄今为止世界上最大的调水工程,南水
北调工程之浩大、难度之高为世界之最,可谓举世瞩目。南水北调
精神就是在一代接一代建设者实践过程中逐渐产生的,如果没有
近七十年的艰辛实践,南水北调精神也不会如今天一样意蕴丰厚,
脱离了南水北调工程的伟大实践,南水北调精神也就失去了孕育
的存在主体。

一、奠定了南水北调精神的集体主义

一江清水连南北,万众共筑江河情。历经半个多世纪的南水
北调工程不仅承载了几代中国人的梦想,更肩负了解决北方供水
不足,实现中国经济南北齐飞的重任。南水北调工程正式通水,是
党中央和沿线省市全力推进、二十余万建设大军艰苦奋战、四十余
万移民舍家为国的成果。应该说这个成果并不属于任何一个人独
有,而是所有中国人民集体智慧的结晶,是十四亿中国人民挥洒汗
水、泪水,甚至血水所浇灌而成的,这不仅是大国统筹的体现,也为
南水北调精神的内涵奠定了集体主义精神。

(一) 大国统筹汇聚集体效能

南水北调工程作为系统建设工程,从地理范围上纵跨长江、淮
河、黄河、海河四大水系;从行政区来看,直接涉及北京、天津、河
北、河南、湖北等 14 个省、自治区、直辖市;职能部门涉及水利、国
土、建设、环保、金融、铁路等诸多部门,不仅关系区域经济社会的
可持续发展,一定程度关系到中国改革开放现代化建设重要进程。
作为国家重大战略性工程,这项伟大工程必须由国家和中央政府

统筹协调推动才有可能实施完成。中央政府要进行全盘筹划、周密部署协调,与此同时,各部门、各行业、各地方政府也要相互协调,密切配合。南水北调工程就是在国家统筹协调的基础上,各地方政府、各行政职能部门通力合作,调动全体人民全力支持、配合,汇聚了磅礴的集体效能。可以说没有党的统一领导、没有大国统筹,这个庞大的系统工程是不可能实现的。

首先,大国统筹发挥社会主义社会的制度优势。邓小平同志对于社会主义社会制度的优势有深刻的把握,"社会主义同资本主义比较,它的优越性就在于能做到全国一盘棋,集中力量,保证重点"[1],也就是集中力量办大事、办好事。南水北调工程设想就是在党中央的坚强领导下,统筹南、北方水资源与经济、社会、环境等发展而做出的科学决策。除主体工程建设之外,南水北调还涉及征地、移民、环境保护、污染治理、电力供应、交通运输、文物保护、银行贷款、产业调整,事关水利、国土建设、环保、铁路、电力、电讯、金融、文物、宣传、军事设施等各部门的职责和利益关系,参与部门广泛,要求党和政府把各个行业拧成一股绳,共同发力,形成强大力量,确保南水北调工程顺利进展。2003 年国务院成立南水北调办,与各地南水北调相关部门共同与国家发改委、建设部、公安部、交通部、铁道部、环保部、文物局等部门,建立双边和多边的工作协调机制,促进协调统筹工作顺利完成。大国统筹不仅要考虑当前经济、社会发展,还要未雨绸缪,关注未来规划科学发展。在开展论证、积极动员到项目施工、移民等,中央协调统筹各职能部门共同为完成这一伟大工程做出了贡献。南水北调工程建设的伟大壮举再次有力地证明,集中力量办大事、办好事是中国特色社会主义社会的最大优势。

---

[1] 邓小平:《邓小平文选》第 3 卷,人民出版社 1993 年版,第 16—17 页。

其次,大国统筹彰显人民主体地位。人民立场是中国共产党的根本政治立场,"为人民服务"的根本宗旨和初衷是党的核心价值追求。南水北调工程从初步设想到逐步调研、论证,再到移民搬迁、工程实施等各环节、各部分都体现了社会主义国家坚持人民立场、人民情怀和人民主体性地位。人民主体性地位首先集中体现于国家决策建设南水北调工程的目的。中国幅员辽阔、地域广大,由于自然和历史原因,北方地区地下水无法满足经济、社会发展需要,为了南、北方经济社会发展的必要,为了满足人民基本生活和建设发展的需要,以优化水资源空间分布的南水北调工程应运而生。人民主体性还体现在移民工作上。移民工作是南水北调工程的重要组成部分,也是工程建设的重点和难点,事关工程成败、群众利益和社会和谐。在移民工作这一最艰难的调配工作中,各级党委发挥领导统筹作用,广大党员发扬先锋模范示范带头作用,基层党组织则发挥战斗堡垒作用,要确保移民"搬得出、稳得住、能发展"的开发性移民方针,①将党的统筹工作落到实处,将移民工程这一南水北调中枢环节圆满完成,从而推动整个伟大工程的顺利开展。

再次,大国统筹以尊重规律、科学谋划为基础。南水北调工程作为国家重大战略性基础工程建设,不仅事关国家战略安全,还关涉到国计民生,这要求以辩证唯物主义为指导思想的中国必须进行顶层设计和科学谋划,尊重客观规律,围绕工程建设的一切工作必须按照客观规律办事。为此党和政府高度重视南水北调的调研、规划、设计和施工等,反复论证、多种备案、多重论证,务必保证以科学、严谨、客观态度进行工程建设。在具体施工时,无数科学

---

① 赵永平:《国家确定南水北调工程开发性移民方针》,《人民日报》2005 年 4 月 6 日,第 1 版。

家殚精竭力、夙兴夜寐，为工程设计、工程施工、工程维护等方面做出了巨大贡献。历代党和国家领导人毛泽东、周恩来、邓小平等多次听取调研工作并关注该工程，2000 年 10 月 15 日，时任国务院总理朱镕基提出"先节水后调水，先治污后通水，先环保后用水"的原则体现了高度负责的科学精神和科学发展理念。2010 年 10 月，时任中共中央政治局常委、国务院副总理、国务院南水北调工程建设委员会主任的李克强强调："质量是南水北调工程的生命，容不得一丝疏忽，要始终把质量作为工程建设的核心任务，全面加强质量管理，努力把工程建设成为一流工程、精品工程、人民群众放心的工程。"①2014 年中线一期工程通水之际，习近平总书记强调："要加强运行管理，深化水质保护，强抓节约用水，保障移民发展，做好后续工程筹划，使之不断造福民族、造福人民。"②

（二）个体利益寓于集体利益

南水北调工程是大国统筹集体力量汇聚的结果，也是社会主义集中力量办大事的集体主义体现，更是众多个体利益共同凝结的结晶。中华优秀传统文化倡导集体主义精神。所谓集体主义即一切从人民群众集体利益出发的思想，是共产主义道德的基本原则。它要求在处理个人和集体的关系时，把集体利益放在第一位，个人利益服从集体利益。集体主义反对一切形式的利己主义，但承认和尊重正当的个人利益，并为个人的全面发展创造条件。习近平总书记指出："每个人的力量是有限的，但只要我们万众一心、

---

① 曹树林：《把事关发展全局和保障民生的重大工程建设好》，《人民日报》2010 年 10 月 10 日，第 1 版。
② 李姿阅、杨世尧：《习近平就南水北调中线一期工程正式通水作出重要指示要求》，《人民日报》2014 年 12 月 13 日，第 1 版。

众志成城，就没有克服不了的困难"①。南水北调工程不断凝聚党心、军心、民心，集合人力、物力、财力，步步推进，行稳致远，保障集体利益的基础上实现个人利益的和合共生，互相成全。

早在新中国成立之初，集体主义精神就曾发挥巨大的作用，但当时人民公社化运动和大跃进运动盲目地认为共产主义的实现可以建立在社会生产力水平较低的基础上，认为共产主义理想信念必须要求集体利益高于一切，个人利益要绝对服从集体利益。这是由于马克思主义理论水平储备不够，忽视了集体主义中应含的个人合法利益。诚然，当个人利益与集体利益发生冲突的时候，个人利益要服从集体利益。但集体主义不能只强调个人利益服从集体利益，更需要强调的是协作互助精神。也就是说，集体主义不是简单地要求个人服从集体，更不是"服从精神"，而主要地体现为一种合作互助精神。斯大林就曾指出："集体主义、社会主义并不否认个人利益，而是把个人利益和集体利益结合起来。"②社会主义的集体主义精神不是单一地提倡牺牲个人利益，更主要的是和合共生与合作共赢。

集体主义在确保集体利益的同时保障个体利益，是共产主义最生动的体现。共产主义道德的基本原则就是一切从人民群众集体利益出发，这种集体主义反对一切形式的利己主义，并为个人的全面发展创造条件。河南省淅川县仓房镇沿北村村民何兆胜三次移民历时半个世纪，堪称新中国"移民标本"。1958 年 23 岁的何兆胜由于丹江口水库的修建远赴青海，几年后因当地生存环境恶劣，一家人历尽艰辛回到淅川。1964 年 11 月，丹江口一期工程复

---

① 中共中央文献研究室：《十八大以来重要文献选编》（上），中央文献出版社 2014 年版，第 16 页。
② 斯大林：《斯大林选集》下集，人民出版社 1955 年版，第 354 页。

工,已经 31 岁的何兆胜带着一家 7 口人再次离开故乡,迁入湖北荆门十里铺公社,住进了土坯垒墙、茅草为顶的"统建房";几年后,因为生活窘迫,何兆胜再次返乡。2010 年,已经是 75 岁高龄的何兆胜,第三次因南水北调离开家乡,和镇上的几千名移民一起搬迁到 500 公里外黄河以北太行山下的辉县常村镇沿江村。老人一生辗转三省四地,被称为丹江口库区移民的"活字典"。当记者采访何老时,老人表达最多的还是对国家建设支持的无怨无悔和大义担当,朴素的爱国情感和集体主义精神实在令人动容! 正是这千千万万的移民人平凡而伟大的贡献成就了南水北调工程规划的实施,每一个个体的支援共同汇聚起无限磅礴的伟力。

半个多世纪以来,广大移民群众背井离乡,搬迁到安置地之后自力更生,用自己的聪明才智和勤劳的双手再建新家园,开辟新天地。全社会也时刻关注着他们的生活状态,中央、地方相关省份都在竭尽全力为移民人做帮扶。比如:河南丹江口库区与北京市开展文化交流和产业互动,着力打造生态、文化、旅游三大品牌,移民人用超凡的智慧、高远的眼界、宏大的气魄,为未来展开了一幅美好画卷。"要让为国家重点工程作出牺牲和贡献的移民,住得安心,生活得舒心,致富有门路。"①时任河南省省长的谢伏瞻说道。2014 年河南省政府专门印发了《关于加强南水北调丹江口库区移民后期帮扶工作的意见》,省直各部门全力以赴,除了基金帮扶外还通过壮大集体经济的形式发展"一村一品"强村富民政策,绝大多数的移民村都实现了小康水平。少数移民村和移民人成为国家精准扶贫的重要对象,都于 2020 年实现脱贫,达到小康水平。国家和人民不会忘记移民人为国家规划建设工程集体利益的实现做

---

① 刘先琴:《此心安处是吾乡:河南省南水北调移民的幸福新生活》,《光明日报》2015年 5 月 3 日,第 1 版。

出的巨大贡献,社会主义国家取之于民用之于民,为全体人民利益的实现不遗余力、奋斗不止,再次证明了新时代社会主义国家的优越性。

二、凝结了南水北调精神的鲜明特质

如果把南水北调比喻成一支交响乐团,那么南水北调精神无疑是这支交响乐团所演奏的最华丽的乐章,而南水北调工程的所有参与者则是这篇乐章中不可或缺的重要演奏者。广大移民群众、党员干部和工程建设者们服从大局、舍家为国,勇于担当、无私奉献,以艰苦奋斗续写家国情怀,用奉献担当尽显民心民力,凝结了可歌可泣的南水北调精神的鲜明特质。

(一) 艰苦奋斗续写家国情怀

1949 年 3 月毛泽东在中共七届二中全会上向全党发出"两个务必"的警示,即务必保持谦虚谨慎、不骄不躁的作风和艰苦奋斗作风,这既是对执政党的要求,同时也是对中国人民自古以来的艰苦奋斗作风的肯定,更是尊重当时社会现实生产力发展实际的需要。20 世纪中叶南水北调工程被提出之初,中国刚开启工业化发展道路,整体工程建设能力基本处于零起点阶段,但党和国家做出南水北调工程建设的重大决策,绝不会因为社会生产力水平低而放弃或暂缓。即便在最艰难的"三年"自然灾害和"文革"十年,地处中线的河南陶岔渠首、丹江口水库等工程也在稳步推进,1958年到 1970 年南水北调中线工程初期的丹江口大坝一期工程等建设也在有条不紊地推进,体现了社会主义人民齐心聚力发扬大禹治水"腓无胈,胫无毛,沐甚雨,栉甚风"的艰苦奋斗精神,数以万计的社会主义建设者们为南水北调工程的整体推进作出了巨大的贡献。

汉江水系长期水患灾害不断,"汉江洪水浪滔天,十年就有九年淹,卖掉儿郎换把米,卖掉妮子好交捐,打死黄牛饿死狗,身背包袱走天边。"[①]这是昔日汉江水患灾难的真实写照,同时也是毛泽东主席提出"南水北调"设想的原因。为了解除这一水患威胁,1958 年作为南水北调工程的一部分——丹江口水库的修筑被提上日程。1958 年 9 月 1 日,丹江口水库工程开启,在施工条件艰苦、施工环境恶劣的时代,他们肩挑手扛、战天斗地,发扬了艰苦奋斗、顽强拼搏精神。10 万大军汇集丹江口水库,自带口粮铺盖,"喝的是泥巴水,吃的是红薯干,点的是煤油灯,住的是油毛毡",风餐露宿,艰难施工;开挖基坑缺乏风钻,就用人工凿炮眼;放炮开山,没有电铲,就用手镐一点一点挖;没有汽车,就人抬肩扛。为保证工程进展,他们采用三班倒的方法,顶风冒雪,不分昼夜;为保证积水排泄,他们站在冰冷的河水里挖沟排水,有的手磨出血泡,有的脚被石头砸伤割破,有的甚至被冻病、冻伤,有的夫妻并肩,有的兄弟同行,有的祖孙三代齐上阵。从开工到截流,丹江口工程只用了不到 16 个月的时间。10 万建设大军以一不怕苦、二不怕死的英雄气概和坚韧不拔的毅力,采用人海战术,以社会主义建设者冲天的干劲,创造了我国大型水利工程建设史上的奇迹,也以无坚不摧的意志和最艰难时刻的坚守书写了为社会主义事业奋斗牺牲的大无畏精神!

移民人重建家园的艰苦奋斗令人敬佩。南水北调工程第一批移民从 1958 年开始到 1978 年结束,1959 年约有 20.2 万人分 6 批迁往青海、湖北、河南 3 省 7 县。由于国家整体经济水平较低,他们的移民补偿非常低,人均只有 560 元。由于是政策性移民,被迫

---

① 曹应旺:《周恩来与治水》,中央文献出版社 1991 年版,第 44 页。

迁走后长途跋涉、沿路乞讨、徒步偷偷从青海省返回家乡的也很多,可想而知他们的转迁生活异常心酸艰难。从青海农场开发建设到湖北大柴湖拓荒,"为有牺牲多壮志,敢教日月换新天",摆在移民人面前的是荒凉的环境、陌生的生产方式,但移民人披荆斩棘、白手起家,拓荒垦田、建房筑屋,一年四季不停歇,居然把原来只长芦苇不产粮的"水湖""芦苇荡"开垦成生长着小麦、水稻、棉花、油菜的田地,靠着艰辛的汗水编织生活的点滴希望,湖北柴湖被人民亲切地称为"小河南"。正是第一批移民人的辗转、艰辛历程为后来移民政策的制定积累了丰富经验。

随着南水北调工程的推进,2009 年到 2010 年为丹江口水库加高而开始的河南第二批移民达 16.6 万人。新世纪移民安置是开发性移民安置,坚持"以人为本,和谐搬迁"的原则,选点安置,以"搬得出、稳得住、能发展、可致富"为指导思想。为了更好地推进工程建设,比如:河南省委省政府提出"四年任务,两年完成"的规划,统筹规划"先进行搬迁试点而后推广"的方案,分两批完成。同时调研并制定法律法规如《大中型水利水电工程建设征地补偿和移民安置条例》《关于加强南水北调丹江口库区移民后期帮扶工作的意见》等保障和提升移民人的权益。移民依法享有国家补偿补助的权利,享有对移民安置有关政策补偿补助项目标准、安置去向的知情权,组织实施的参与权,重大事宜的决策权,全过程的监督权。有了党和国家顶层设计和统筹安排,再加上移民干部任劳任怨和责任担当、建设人员的尽职尽责、精益求精,以及亿万中国人民不畏艰难、迎难而上的"舍小家为大家"的家国情怀,共同汇聚支撑起伟大的南水北调工程。2015 年新年贺词令所有南水北调移民人终生难忘,国家主席习近平殷切地致敬、关切南水北调移民人的生活,"希望他们在新的家园生活幸福"。现如今移民人生活水平不断提高,一方面靠国家政策,最重要靠的是他们乐观、豁达的心胸,靠艰苦奋斗的精神在一代代中国人身上传承不息,移民们的艰苦奋斗和对国家的大爱与真情,伴随着一渠北流的清水,为南水北调精神注入了宝贵的养分和动力。

(二) 奉献担当彰显民心民力

在一系列复杂的工作中,移民工程是南水北调工程的基础性工作,也是重点和难点工作,直接关系到工程建设的展开和推进,是铸造南水北调伟业的第一块基石,可谓举足轻重,集中体现了南水北调工程中伟大的奉献担当精神。比如:2002 年 12 月 25 日,国务院下发了《关于南水北调工程总体规划》的批复。批复要求,自文件下发之日,在丹江口水库区内,任何单位和个人均不得擅自新建扩建和改建项目,要求四年内完成征迁。为了确保移民群众搬得出、稳得住、能发展、可致富,工程规划在深入宣传动员和做思想工作的同时,制定了一系列针对移民的惠民政策。如外迁移民应尽量安置到经济、社会较为发达的受益区,享受一定的扶持资金支持,还有建房免征税费、支农资金向安置倾斜等一系列惠民措施,解除了移民的后顾之忧。国家政策的周全措施,一定程度缓解了移民者的疑虑,使移民工作的展开有了基础性保障。比如:为了争取时间保障,南水北调中线工程主要承担省份河南省作出了"四年任务,两年基本完成"的决策,由原计划的 2013 年提前到 2011 年完成,这并不是说南水北调工程中移民问题相对容易。相反,南水北调工程的移民数量之大超越以往所有工程,且集中转移时间短,遇到的问题错综复杂,解决难度大。总体而言,以中线工程为例,移民难度主要体现在以下几方面:

一是移民搬迁规模大、跨越时间长。中线工程的丹江口库区是南水北调工程建设移民人数最集中的地方。河南南阳是南水北调中线工程渠首所在地,南阳人民为此付出了巨大的努力乃至牺牲。丹江口水库淹没南阳淅川县土地共 365.6 平方公里，房屋28.2 万间。移民工程跨度从 20 世纪中叶到 21 世纪初叶，长达 50余年，前后历经三代移民潮。丹江口水库工程初期从 1959 年开始，至 1976 年结束，这是第一代移民人，共动迁 20.2 万人，分别外迁青海、湖北荆门、大柴湖、淅川内安置。中线工程大移民从 2009年 8 月 16 日试点移民开始，到 2011 年 8 月 25 日，第二批大规模移民结束，约 16.6 万，历时两年零九天。2008 年 11 月，新世纪移民工程启动，16 万多的淅川人远迁他乡，为后续工程建设争取了宝贵的时间，确保了工程的正常开展。

二是移民搬迁工作的强度大。与三峡工程移民和小浪底工程移民分别历时 18 年和 13 年相比，丹江口库区的第三次移民安置仅在两年时间内就顺利完成，搬迁安置规模、力度为国家历次重大工程之最。河南省委省政府自上而下一条线，确保工作落实到位，向六个省辖市下达军令状，成立专门负责移民的南水北调丹江口水库移民安置指挥部统筹全局。省直 25 个厅局分包移民搬迁的25 个县市区，交通部、教育部、卫生部、水利部、林业部各负其责。移民征迁安置拨付资金 50 多亿。平均每天就要搬近 200 多人，这样大的工作强度在国内乃至世界水利移民史上都是前所未有的。为完成这项巨大任务，仅南阳投入人力 110 多万，车辆运输量达10 万台次，进行道路维修约 850 公里，往返轮渡 638 艘次，新增架设电线 3753 千米，转移移民物资达 30 多万吨。[1]

三是移民搬迁安置工作的质量要求高、工作压力大。各级政府要求此次移民"不伤、不亡、不漏、不掉一人，安全无事故"，质量要求之高在历次工程中前所未有，更使得这项任务时间紧、任务

① 南水北调干部学院组织编写：《一渠丹水写精神——南水北调中线工程与南阳》，人民出版社 2017 年版，第 157 页。

重、压力大，难度难以想象。移民者和工作人员都承担了巨大的压力，他们用务实的工作态度、踏实的作风，坚持贯彻为人民服务的宗旨。达到高目标的关键还是在落实工作的人，移民工作者坚持务实工作，坚持以人为本，打造南水北调和谐征迁"淅川模式"[①]和"焦作样板"。焦作市是南水北调工程中唯一穿越中心城区的城市。两次大规模征迁，共移交3779.23亩，3389户，15532人，拆迁房屋93.6万平方米。由于种种原因，焦作市在2012年初才成立南水北调城区段，而上级要求搬迁的时间必须2012年9月前全部完成。从搬迁到开工仅几个月的时间，必须克服重重矛盾、解决严峻问题。面对困局，焦作市确立了"以人为本、和谐搬迁、规范运作、科学发展"的征迁安置工作指导思想，领导联系村和市直单位包村制度在短期内完成搬迁任务。2009年7月10日，时任中共中央政治局常委、中央书记处书记、国家副主席的习近平同志作出批示：河南省焦作市在深入学习实践科学发展观活动中，坚持以人为本、和谐征迁，确保南水北调工程顺利实施的做法也很有特点，很有成效。焦作市的和谐搬迁，为全国南水北调征迁树立了榜样。[②]

在这次大迁移中，广大移民用实际行动，诠释着舍家为国的伟大情怀，这是一种大义。移民干部的任劳任怨、尽忠职守和移民者的舍家为国、大爱无疆是实现南水北调工程的关键。很多干部将工作放在首位，任劳任怨、尽忠职守，甚至全天24小时"待机"随时解决移民问题，不仅牺牲了自己的休息时间还顾不上照顾家人，还有很多党员干部带病坚持工作，甚至献出了宝贵生命。这些伟大

---

① 裴建军：《世纪大移民：南水北调丹江口库区淅川移民纪实》，作家出版社2011年版，第85页。
② 朱殿勇、石坚：《南水北调精神唱响怀川大地》，《焦作日报》2010年3月20日，第1版。

的移民工作者是中华民族伟大奋斗精神的支撑,形成了不畏牺牲、顾全大局、奉献担当的移民精神和移民工程精神,并深深融入南水北调精神之中。

三、注入了南水北调精神的现代理念

南水北调工程早在建设伊始就确立了"三先三后"原则,要求工程建设以水资源合理配置为主线,把调水与节水、治污、生态环境保护作为一个完整的系统来展开规划。这一理念不仅贯穿于南水北调工程整个决策过程,也有效地贯穿于施工建设和后续维护工程。从这个意义上说,南水北调工程首先是生态工程,在工程建设过程中遵循的绿色、环保、和谐、可持续发展等生态理念,构成了南水北调精神独有的价值导向,并使之区别于其他建设工程所形成的实践精神。

一方面,生态环境保护与改善,是南水北调东线工程实施的前提和必要条件。生态环境保护是坚持可持续发展理念的题中应有之义,但少数企业排污、污水处理不当等导致水质下降,给人民的生活埋下了巨大的隐患。调水工程建设倒逼水源源头和沿线省市县将生态保护工作放在首位。湖北省、河南省、山东省、江苏省等调水区省份先后出台了相关的法律法规和经济发展建设意见,首先依靠法治来确保水质保护工作的切实落实。在此基础上各省采取有力措施,强化和开展工业和农业污染治理,如关停水源区污染企业,加大对农业化肥等化学污染的治理和库区污水垃圾治理,大力开展植树造林,封山育林,保护库区水质安全。比如:为保护好源头水质,河南淅川县以壮士断腕的决心和气魄,对南阳秦龙纸业等338家造纸、冶炼等企业实施关停并转,坚决拒绝了一大批可能危及生态保护的项目。同时政府积极引导水源地各市县谋划生态农业,调整产业结构,出台优惠扶持政策,在保水质的同时,形成生态农业、环境友好型工业。通过多种政策的实施,丹江口水库水质持续稳定在Ⅰ类标准,且一直处于优质饮用水状态;全年一级优良天气超过310天,一个天更蓝、山更绿、水更清的渠首呈现在世人面前。

另一方面,南水北调工程建设助力生态环境品质提升。以东线工程为例,南水北调通水运行后,大运河逐步形成清水廊道,显著改善了沿线城乡水环境,水生态文明建设成效显著。淮安段运河、宿迁段运河、徐州段大运河和古黄河都被打造为风景秀美的景观河道;洪泽湖、骆马湖、白马湖加快退淤还湖、退渔还湖和非法采砂清理整顿力度,再现旖旎风光;徐州境内潘安湖、安国湖、大沙河西等生态湿地成为新的城市名片;南水北调新建工程也逐渐成为运河沿线新的旅游热点。不仅如此,在南水北调的契机下,江淮生态大走廊应运而生,其纵贯长江、淮河两大水系,覆盖南水北调东线工程源头及输水区域,自然禀赋优越,为沿线一带带来了新的发展契机。南水北调工程作为大型水利工程建成后以其强大的经济、社会等综合效益开始反哺、推动沿线的生态环境品质不断提升。首先是水资源的调配,从水多处调配到水少处,从水质好处调配到水质差处,进行资源的互补性调配。工程规划将南方的水调到北方去,但绝不是简单地修大管道抽水,而是遵循顺应自然的调水方法,尽可能地借助自然水势将南方的水引到北方去。这样就保证了在节约成本的前提下自流供水,不仅缓解华北地区水资源供给危机,还将为受水区地下水修复创造有利条件,这一显著效果本身就实现了生态资源的和谐分配。[①] 同时,南水北调工程不仅是实施水资源配置的伟业,还是一项成效极其显著的碳减排放工

---

① 王慧、韦凤年:《南水北调是优化我国水资源配置格局的重大战略工程——访中国工程院院士王浩》,《中国水利》2019年第24期。

程,推动沿线地区生态环境的保护与提升,使其焕发出勃勃生机,为改善沿线地区大气污染作出了重大贡献。

南水北调工程既是解决北方缺水的供水工程,也是缓解受水区生态恶化问题的生态治理工程,为建设美丽中国作出了重大贡献。健康发展是以良好的生态环境质量为基础的协调发展,即经济、社会和生态环境间的协调发展。华北和西北地区水资源短缺,不仅严重制约着这些地区经济社会的发展,而且还衍生大量的生态环境问题。协调好地表水、地下水、外调水、再生水等水源与生活、生产、生态等用水行业之间的水量配置关系和布局是缓解这些问题的关键。实施南水北调工程,可以为解决这些生态环境问题创造必要的条件,同时又能促进南水北调源头地区加强生态文明建设。在协调生态和经济的利益关系的方案下配置水资源,既能实现经济效益、社会效益和生态效益协同发展,又能以水资源的可持续利用保障经济、社会的可持续发展。南水北调工程最大的效益当属生态效益,是将生态文明建设融入国家重大基础设施建设的一个经典范例。随着南水北调中线一期工程和东线一期工程的竣工通水,后续维护、管理等工作同步开展,借助计算机技术、通信技术等现代信息技术,通过数据库建设,系统掌握重大调水工程水量调配的数据,并进行定位、管理、查询及空间分析和调整、共享等加强调水的生态环境保护,使我国的重大调水工程水资源调度管理形成一个完整的体系。

习近平总书记指出:"走向生态文明新时代,建设美丽中国,是实现中华民族伟大复兴的中国梦的重要内容。"[①]他在巴黎访问联合国教科文组织总部发表演讲时说:"拿破仑曾经说过,世上有两

---

① 中共中央文献研究室:《习近平关于实现中华民族伟大复兴的中国梦论述摘编》,中央文献出版社 2013 年版,第 8 页。

种力量：利剑和思想；从长远而论，利剑总是败在思想手下。"①以前，我们盲目地学习以科技为利剑的方针，总想征服自然，故认为利剑优于思想，推崇先污染后治理图一时之快的发展道路。但东方文化主张和谐共赢，坚持人类与大自然共存，崇尚天人合一的境界。中国努力学习西方先进科学技术的利剑，以求加快发展生产力，同时又重视天人合一之思想，重视生态文明意识。南水北调工程无论是在论证、规划环节，还是建设与维护阶段，都处处体现着生态环保的现代理念，这种与自然和谐相处的生态理念就是南水北调精神中最独具一格的组成部分。

① 习近平：《出席第三届核安全峰会并访问欧洲四国和联合国科教文组织总部、欧盟
　　总部时的演讲》，人民出版社 2014 年版，第 16 页。

第二章

南水北调精神的研究

南水北调精神是中国共产党领导中国人民在南水北调工程伟大实践中形成的精神，是中国精神的重要组成部分，本质上是一种实践精神。伟大的实践孕育伟大的精神，南水北调工程的建设成就极大地满足了人民群众的美好生活需要，同时也推动了中国特色社会主义伟大事业的进程。从南水北调精神形成的视角来看，梳理南水北调实践史、凝结并弘扬南水北调精神，理应是新时代学人学术研究自觉的体现。当前，国内关于南水北调精神研究已经取得了阶段性的成果，为我们继续深入研究提供了宝贵经验，但也存在诸多不足。因此，还需要梳理当前南水北调精神研究的基本现状，明晰南水北调精神研究的原则与方法、重点与关键。

第一节　南水北调精神研究的脉络梳理

南水北调移民安置工作开展以来，移民工作中所涌现的感人事迹、模范榜样、先进理念等引起了社会各界的关注。2009 年 10 月 12 日，《焦作日报》发表了题为《感谢广大干部群众　善始善终做好工作　总结南水北调精神　推动各项工作开展》的文章，主要介绍焦作中心城区段总干渠征迁安置工作，并总结出"为国分忧、无私奉献、克难攻坚、勇于创新"的南水北调精神,①是国内较早使用南水北调精神概念的文章。党的十八大以来,尤其是南水北调东线一期工程、中线一期工程先后正式通水后,国内学界对于南水北调精神的研究进入了新的阶段,形成了诸多关于南水北调精神的研究成果。

一、研究的整体成果

南水北调精神的研究总体上是随着南水北调工程的推进而展开的,国内各界对于南水北调精神的研究成果,主要包括理论著作、移民纪实、文献选编、访谈口述、回忆总结、影像资料、期刊论文、学位论文、报刊报纸等九种类型。

理论著作。中共南阳市委组织部、南水北调干部学院组织编写的《南水北调工程文化初探》《南水北调精神初探》,是南水北调精神研究具有代表性的两部著作,全面系统研究提炼了南水北调精神,将南水北调精神的研究提升至理论高度。《南水北调工程文化初探》于 2017 年 8 月由人民出版社出版,以南水北调中线工程为主体研究对象,从理论和实践上对南水北调工程文化进行充分挖掘和深入阐发,明晰南水北调工程文化的历史渊源、发展脉络和时代特色,并从中概括出"顾全大局、无私奉献、情系群众、务实为民、开拓创新、奋发有为、众志成城、克难攻坚"的南水北调精神。《南水北调精神初探》于 2017 年 11 月由人民出版社出版,全景式回顾和描述了南水北调中线工程的概貌,全面系统总结了南水北调精神,对南水北调精神的内涵进行了深入分析,把南水北调精神

---

① 石坚:《感谢广大干部群众 善始善终做好工作 总结南水北调精神 推动各项工作开展》,《焦作日报》2009 年 10 月 12 日,第 1 版。

总结概括为"大国统筹、人民至上、创新求精、奉献担当"，是对南水北调精神提炼的一种代表性观点。

移民纪实。移民工作事关整个南水北调的成败，对移民、移民工作的考察与研究是南水北调精神研究的重要内容，梳理、总结南水北调移民史能够有助于生动、立体、全面地提炼南水北调精神，这些移民纪实作品为深入研究南水北调精神内涵提供了珍贵的历史资料。熊海泉编写的《出丹江记——南水北调中线工程移民纪实》2011 年由中国和平出版社出版，以摄影记者的独特视角记录了丹江移民的迁徙历程和不舍感情，从侧面反映出南水北调工程中国家的关怀、各级干部的辛勤付出、数万移民的无私奉献。许长满编写的《南水北调大移民》2011 年由河南文艺出版社出版，该书以河南淅川县上集镇魏村试点移民搬迁为线索，记述了迁出地与安置地搬迁安置此批移民的整个过程，描写了库区移民舍小家、为国家含泪迁离故土的动人事迹，讴歌了迁安两地干部群众无私奉献的可贵精神。欧阳敏编写的《世纪大迁徙——南水北调中线工程丹江口库区移民纪实》是一部长篇纪实文学，该书 2013 年由新华出版社出版，按照时间发展的线索，通过大量生动感人的事实，真实记述了勤劳朴实的丹江口人民为了国家利益，牺牲自己、奉献他人、移民迁徙的全过程。陈华平编写的《见证——南水北调丹江口大移民纪实》2014 年由新华出版社出版，陈华平以亲自参与南水北调中线移民、丹江口水库建设中的所见所闻，用图文形式记录了工程建设和移民大迁徙的过程，反映了南水北调工程的伟大壮举和广大移民干部、移民群众的牺牲奉献精神。此外，河南省南水北调丹江口库区移民安置指挥部办公室编写的《历史的脚步——河南省南水北调丹江口库区试点移民工作纪实》2010 年由河南人民出版社出版，傅溪鹏、刘先琴主编的《江河有源——南水北调中线源头淅川县大移民工程纪实》2011 年由作家出版社出版，王树山主编的《记忆——河南省南水北调总干渠征地拆迁工作纪实》（上下册）2011 年由黄河水利出版社出版，赵学儒编写的《向人民报告——南水北调大移民》2012 年由江苏文艺出版社出版。

文献选编。文献选编主要是由关于南水北调的新闻报道、先进人物事迹、诗词等汇编整理而成。《南水北调工程人文报道集》2009 年由中国水利水电出版社出版，收录了《中国水利报》等媒体发表的 155 篇代表性作品，分为"精神丰碑"和"文化丰碑"两编。"精神丰碑"编充分展现了南水北调工程沿线政府和人民的关心和支持，老一辈水利工作者的敬业精神和伟大情怀，广大工程建设者的团队协作和奉献精神，一线建设者与南水北调工程结下的不解情缘；"文化丰碑"编全面展现了南水北调工程沿线的自然风光和人文景观、参建者的内心世界、新一代水利工程建设者的风采。程殿龙主编的《南水北调精神大家谈》2013 年由中国水利水电出版社出版，是由国务院南水北调办与光明日报社联合组织开展的"南水北调精神与文化"征文活动征集到的部分优秀作品整编而成，全书共收录文稿 65 篇，题材涉及诗歌、散文、叙述、议论文等，内容涵盖了南水北调精神、南水北调移民精神、南水北调文化等主题。中共南阳市委组织部、中共南阳市委南水北调精神教育基地编写的《历史的见证》2015 年由中央文献出版社出版，收集了从 2003 年南水北调中线工程开工到 2014 年顺利通水之 11 年间，有关工程建设的各大媒体的新闻报道 100 多篇，共计 60 多万字，内容包括工程建设、移民搬迁、水质保护、重大事件等。葛合元、李峰主编的《南水北调诗词选集》2017 年由黄河水利出版社出版，是由郑州市南水北调办公室于 2016 年 3 月分别在《郑州日报》和《郑州诗词》刊出《南水北调诗词选集》征稿启事征集到的部分作品汇选整理而成，全书共收录了全国各地 198 名诗词爱好者的 540 首诗词作品。这些文稿的出版为研究南水北调精神提供了重要的文献资料。此外,《南水北调移民书记日记选》2016 年由人民出版社出版,精选了时任淅川县移民局原党委书记石成宝同志 2008 年 10 月至 2011年 3 月期间所写的 100 篇日记,这些日记清晰记载了淅川县移民搬迁工作的日常点滴和作者的所见所想,从一个侧面展现了大爱报国、忠诚担当的南水北调精神,是一部不可多得的移民史料。

访谈口述。俞晓兰编写的《我的南水北调梦——北京南水北调奉献者纪事》2015 年由群言出版社出版,通过记录 54 个个人或团队的点点滴滴来展示南水人的优秀品质和可歌可泣的精神风貌。赵川编写的《我的南水北调——百名人物口述实录》2016 年由郑州大学出版社出版,收录了作者 6 年间采访过的数百名南水北调工程决策者、设计者、建设者、移民群众与移民干部的口述实录,多角度、多层次地展现了南水北调从宏伟构想到中线工程建设的一点一滴,体现了舍小家为大家敢于担当、无私奉献的移民精神。何弘、吴元成主编的《命脉：南水北调与人类水文明》2017 年由河南文艺出版社出版,通过扎实的采访和系统的梳理,采用移民口述史的方式呈现各个时段移民的生存状况,还原了一段真实的历史和一系列动人的故事,表现了众多平凡人物牺牲奉献、舍家为国的崇高精神。南水北调宣传中心编著的《凡人丰碑——南水北调故事集》2017 年由中国三峡出版社出版,故事集由南水北调系统中获得地市级以上荣誉称号的先进人物事迹汇编成册,真实而生动地记录了南水北调各个岗位上先进人物的事迹,展现了普通建设者们如何用自己的行动诠释南水北调精神。这些口述实录、采访、访谈等资料对史实回顾详细全面,为进行南水北调精神研究提供了大量真实可信的原始档案。

回忆总结。张学亮编写的《流水回头——南水北调工程开工建设》2011 年由吉林出版集团有限责任公司出版,回顾了南水北调工程从决策规划到设计研究再到施工建设近 60 年的发展历程。

张基尧主编的《南水北调回顾与思考》2016 年由中共党史出版社出版，全书回顾了南水北调工程中的一系列重大决策和规划、建设、管理过程，对于南水北调工作的决策过程、资金筹措、移民安置、环境保护、技术挑战等重大问题进行专题式回顾与思考，内容涉及南水北调工程的每个历史阶段及每一个重大历史事件，为学者从整体上把握南水北调工程，进而提炼南水北调精神提供了重要的文献参考。《回望我亲历的南水北调》2019 年由中国水利水电出版社出版，全书以记述的方式，通过南水北调工程建设专家委员会专家以及南水北调移民征迁和治污环保机构，工程建管、设计、监理、施工等单位相关人员的回忆性文章，回顾了南水北调工程建设的辉煌历程，梳理了工程规划论证、勘测设计、工程建设、运行管理阶段的历史发展脉络，总结了南水北调工程建设和运行管理经验。这些书稿从南水北调工程亲身实践者的视角出发，通过讲述人的回忆，真实还原了南水北调工程参与者艰苦奋斗、舍家为国、牺牲奉献、创新攻坚的历史场景。

　　影像资料。卢胜芳主编的《十年——镜头中的南水北调》2012年由北京理工大学出版社出版，通过展示 2002 年开工至 2011 年的 219 幅优秀摄影作品，反映南水北调工程建设的艰辛历程和伟大意义，弘扬南水北调建设者、库区移民、沿线群众的爱岗敬业、奋勇争先、无私奉献的高贵精神品质。陶德斌主编的《迁徙——中国南水北调水源地外迁移民影像》2012 年由中国摄影出版社出版，收入图片 142 幅，以图文的形式呈现丹江口库区移民迁徙的状态，展现了丹江口库区移民割舍乡情亲情、舍小家顾大家、个人利益让位于国家利益的崇高精神。2014 年 10 月，以南水北调工程建设为主题的八集文献纪录片《水脉》在中央电视台综合频道播出，内容包括工程建设、大规模移民、文物保护、环境治理、水资源管理、综合效益及对世界的贡献等，向世界展现南水北调工程不仅为中国的和谐发展提供了核心动力,也为人类突破生存困境、谋求未来发展提供了东方智慧。2014年11月取材于南水北调工程的现实题材影片《天河》在国内上映,《天河》讲述了南水北调工程建设、移民搬迁和河水治污等重要环节中惊心动魄的故事,表现了个人利益、个人价值与实现"中国梦"之间密不可分、相伴而成的关系,充分展现了工程决策者、建设者和沿线移民的大爱报国的精神。此外,电影《天河》的主题曲《人间天河》2015年由韩磊、阿鲁阿卓在中央电视台春节联欢晚会上演唱,通过音乐的形式向全国人民传递了南水北调建设者和参与者的心声、梦想与情怀。这些图片、视频、音频等影像资料生动再现了南水北调建设的艰辛历程,把所蕴含在南水北调工程上的南水北调精神以一种直观的形式展现出来。

期刊论文。据不完全统计,近几年来国内学术界发表的关于南水北调精神研究的期刊论文30余篇,其中2019年是学术界研究高峰。研究者在对南水北调精神的基本内涵、价值阐述、性质探讨、文化渊源、传播途径等方面开展了卓有成效的研究,取得了丰硕的成果。

学位论文。当前中国知网学位论文库收录的3篇以"南水北调精神"为主题的学位论文分别是河南理工大学2018届毕业生才淦的《南水北调精神研究》的硕士学位论文,河南大学2019届毕业生王心悦的《南水北调精神研究》的硕士学位论文,河南大学2020届毕业生梁运阁的《南水北调移民精神在高中思想政治课教学中的应用研究》的硕士毕业论文,尚未有相关领域的博士学位论文发表。

报纸报刊。报纸报刊多关注于南水北调的工程建设,以新闻报道、传播宣传为主,而以南水北调精神为主题的新闻报道和理论文章较少。据不完全统计,近些年来报纸报刊共发表了50余篇以南水北调精神为主题的新闻报道与理论文章,其中有多篇刊登在

《光明日报》《中国社会科学报》《河南日报》等国家级和省级新闻报纸上。这些文章对于南水北调精神的研究现状、研究存在的问题、精神内涵以及弘扬途径等方面开展了积极有效的探讨。

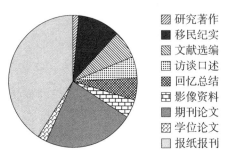

研究著作
移民纪实
文献选编
访谈口述
回忆总结
影像资料
期刊论文
学位论文
报纸报刊

图1　南水北调精神研究成果类型图

二、研究的主要脉络

从时间顺序看,社会各界关于南水北调精神的研究成果总体呈波动增长的趋势(如图2所示)。依据现有的研究成果,可以将现有南水北调精神的研究大体分成两个阶段,划分的时间节点为2012年。

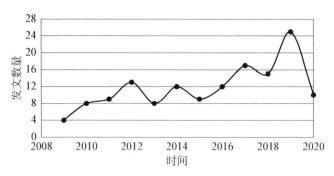

图2　南水北调精神研究成果时间图

（一）2012 年以前：研究成果相对较少

2009—2012 年，南水北调精神研究刚处于起步阶段，研究的成果从总体上看相对较少。

关于南水北调精神概念的提出，较早出自 2009 年的部分新闻报道。例如，2009 年 10 月 11 日《河南日报》发表的《南水北调纪念馆开馆》中指出，南水北调纪念馆呈现了"敬业、实干、奉献、创先"的淅川精神，讴歌了淅川人民为南水北调工程所作出的巨大奉献和牺牲。[①] 2009 年 10 月 12 日《焦作日报》发表的《感谢广大干部群众　善始善终做好工作　总结南水北调精神　推动各项工作开展》的新闻报道中，焦作市领导指出在征迁安置工作中，我市涌现出大量为工程主动搬家、带病坚持工作等感人事迹。征迁群众的牺牲和奉献，党员干部的付出和心血，都将凝练成为国分忧、无私奉献、克难攻坚、勇于创新等南水北调精神。[②] 2009 年 11 月 22 日《河南日报》发表的《把南水北调精神唱响在怀川大地》的文章中，报道了南水北调焦作中心城区段总干渠征迁安置中实际发生的事情，是"以人为本、众志成城、开拓创新、无私奉献"南水北调精神的真实写照。[③]

2010—2011 年，河南省淅川县库区和湖北省十堰市库区共 33 万库区移民完成搬迁工作。在这一时间段里，关于南水北调精神的研究更多地体现在移民精神的研究，例如，2010 年 3 月 30 日《焦作日报》发表的《南水北调精神唱响怀川大地》认为南水北调焦

---

① 阙爱民；冷新星：《南水北调纪念馆开馆》，《河南日报》2009 年 10 月 11 日，第 2 版。
② 石坚：《感谢广大干部群众　善始善终做好工作　总结南水北调精神　推动各项工作开展》，《焦作日报》2009 年 10 月 12 日，第 1 版。
③ 朱殿勇：《把南水北调精神唱响在怀川大地》，《河南日报》2009 年 11 月 12 日，第 3 版。

作段总干渠征迁安置中创造的奇迹，是"顾全大局、无私奉献，情系群众、务实创新，开拓进取、奋发有为，众志成城、克难攻坚"南水北调焦作精神结出的硕果。① 2011 年，为了纪念这个史无前例的搬迁工程，王树山、刘正才等人编写的《记忆——河南省南水北调总干渠征地拆迁工作纪实》以纪实的形式集中反映了河南省各级党委政府、征迁机构坚持以人为本、高效和谐推进南水北调总干渠征地拆迁安置工作的精彩历程，为研究南水北调精神提供了早期的文献资料。②

由此可见，2012 年以前南水北调精神研究还处于起始阶段，关于南水北调精神的研究的文献资料还比较少，更多的是一种官方宣传报道，谈不上真正意义上的学理研究，其背后的推动力量也主要是政府而非学术机构。但这些都为后续南水北调精神的研究提供了有益借鉴。

（二）2012 年之后：研究成果逐渐增多

2012 年之后，尤其是党的十八大以来，南水北调精神研究的成果逐渐增多。2013 年 12 月南水北调东线一期工程正式通水，习近平总书记做出重要指示要求"希望大家总结经验，加强管理，再接再厉，确保工程运行平稳、水质稳定达标，优质高效完成后续工程任务，促进科学发展，造福人民群众。"③2014 年 12 月 12 日，南水北调中线一期工程正式通水，习近平总书记再次作出重要指示要求"加强运行管理深化水质保护，不断造福民族造福人

---

① 本报评论员：《可贵的精神　成功的保证》，《焦作日报》2010 年 3 月 31 日，第 1 版。

② 王树山：《记忆——河南省南水北调总干渠征地拆迁工作纪实》，黄河水利出版社 2011 年版，第 102 页。

③《总结经验　加强管理　再接再厉　确保工程运行平稳　造福人民》，《人民日报》2013 年 12 月 9 日，第 1 版。

民。"①2020 年 11 月 13 日，习近平总书记在参观扬州江都水利枢纽展览馆时强调，"要把实施南水北调工程同北方地区节约用水统筹起来，坚持调水、节水两手都要硬，一方面要提高向北调水能力，另一方面北方地区要从实际出发，坚持以水定城、以水定业，节约用水，不能随意扩大用水量。"②2021 年 5 月 14 日，习近平总书记在河南省南阳市主持召开的推进南水北调后续工程高质量发展座谈会上强调，"南水北调工程事关战略全局、事关长远发展、事关人民福祉。进入新发展阶段、贯彻新发展理念、构建新发展格局，形成全国统一大市场和畅通的国内大循环，促进南北方协调发展，需要水资源的有力支撑。"③习近平总书记关于南水北调的系列重要指示，掀起了学术界对于南水北调精神研究的热潮。

2012 年以来，公开发表的围绕"南水北调精神"为主题的学术论文有 30 余篇，其数量远远超过 2012 年之前总和。其中代表性论文有 2012 年 8 月莫培军发表的《南水北调移民精神是社会主义核心价值体系的生动体现》，2014 年 8 月候秀起发表的《南水北调是精神文化的助推器——我国京杭大运河与南水北调工程的比较浅析》，2015 年 3 月赵志浩发表的《从愚公移山精神、红旗渠精神到南水北调精神》，2017 年 6 月黄荣杰发表的《在新时代弘扬南水北调移民精神》，2018 年 5 月时树菁发表的《南水北调移民精神研究述评》，2019 年黄耀丽发表的《南水北调精神的时代价值》《南水北调精神的红色基因浅析》，2020 年 12 月胡滨发表的《论南水北

<hr />

① 李姿阅、杨世尧：《习近平就南水北调中线一期工程正式通水作出重要指示要求》，《人民日报》2014 年 12 月 13 日，第 1 版。

② 谢环驰：《贯彻新发展理念构建新发展格局　推动经济社会高质量发展可持续发展》，《人民日报》2020 年 11 月 15 日，第 1 版。

③ 《深入分析南水北调工程面临的新形势新任务　科学推进工程规划建设提高水资源集约节约利用水平》，《人民日报》2021 年 5 月 15 日，第 1 版。

调精神的现实意义》等。可以看出对于南水北调精神的研究已经得到越来越多学者的重视，无论是质量还是数量都超越 2012 年之前的研究。

在期刊论文研究成果增多的同时，2012 年以来，关于南水北调精神的专著在数量上不仅有所突破，而且在形式上也有所创新。2012 年至今，共出版有关专著近四十部，其中有代表性的著作包括 2012 年由北京理工大学出版社出版，卢胜芳主编的《十年——镜头中的南水北调》；2013 年由中国水利水电出版社出版，殷龙主编的《南水北调精神大家谈》；2014 年由新华出版社出版，陈华平编写的《见证——南水北调丹江口大移民纪实》；2015 年由中央文献出版社出版，中共南阳市委组织部、中共南阳市委南水北调精神教育基地编写的《历史的见证》；2016 年人民出版社出版，石成宝编写的《南水北调移民书记日记选》；2016 年由郑州大学出版社出版，赵川编写的《我的南水北调——百名人物访谈实录》；2017 年由人民出版社出版，中共南阳市委组织部、南水北调干部学院组织编写的《南水北调精神初探》《南水北调工程文化初探》；2019 年由河南人民出版社出版，赵显三主编的《丹水北去情未央》等。这些著作或以访谈的形式、或以镜头记录的形式、或以总结回忆的形式、或以系统梳理等形式对南水北调精神进行表述与系统概括，为多角度研究南水北调精神提供了重要的文献参考。

值得注意的是，2018 年首次出现了以"南水北调精神"为主题的学位论文，2019 和 2020 年同样出现以"南水北调精神"为主题的学位论文，是当前研究成果中的亮点。这三篇学位论文分别为河南理工大学 2018 届毕业生才淦的《南水北调精神研究》的硕士学位论文，河南大学 2019 届毕业生王心悦的《南水北调精研究》的硕士学位论文，河南大学 2020 届毕业生梁运阁的《南水北调移民精神在高中思想政治课教学中的应用研究》的硕士学位论文。连续三年都出现以南水北调精神为研究对象的硕士学位论文,是南水北调精神研究成果中出现的新的类型,扩展了南水北调精神研究的成果结构。

2012 年以后,新闻报纸共刊登关于南水北调精神的文章五十余篇,其中不乏一些具有较强学理性的文章。例如《光明日报》于 2012 年 12 月 22 日以专版的形式对南水北调进行报道,其中就包括《试论南水北调移民精神》《我心目中的南水北调移民精神》两篇文章。《河南日报》于 2019 年 12 月 17 日以专版的形式进一步对于南水北调精神进行学理性报道,发表了包括岳奎教授的《南水北调精神现状与问题、重点与关键》、郑小九教授的《大禹治水与南水北调》、吕廷君教授的《"人民至上"是南水北调精神的核心理念》、王英华教授的《南水北调精神及其弘扬途径与方法》、席晓丽教授的《地方特色文化资源融入社会主义核心价值观培育探究——以南水北调精神为例》在内的七篇文章。《中国社会科学报》于 2020 年 12 月 15 日发表了朱金瑞教授的《南水北调精神的内涵》。可以看出,相较于 2012 年之前,新闻报纸发表的关于南水北调精神研究的学理性文章逐渐增多。

第二节　南水北调精神研究的主要内容

南水北调精神研究起步于 2012 年以前的部分新闻报道,2012 年以来特别是党的十八大之后,南水北调精神研究在数量和质量上都得到了较大的提升,国内学界对于南水北调精神的研究进入了新的阶段,关于南水北调精神研究的成果日渐丰富。通过对这些已有的研究成果进行梳理和归纳,可以得知当前关于南水北调精神研究的内容主要集中在南水北调精神的内涵提炼、价值阐述、性质探讨、文化渊源、传播途径等五个方面。

一、南水北调精神的内涵提炼

南水北调精神的提炼是南水北调精神研究的逻辑起点,同时也是南水北调精神研究的热点。学界关于南水北调精神内涵的提炼随着南水北调工程的推进而不断清晰完善。不同学者从多个视角对南水北调精神内涵进行了探讨,提炼出了不同的观点,为接下来总结提炼南水北调精神内涵提供了研习的宝贵借鉴。

第一个阶段开始时间较早,主要从南水北调工程建设者角度来提炼南水北调精神,由国务院南水北调办推动,组织专家学者将南水北调精神总结提炼为"负责、务实、求精、创新"。杜丙照、张存有认为"负责、务实、求精、创新"的南水北调精神是在 60 多年的论证、规划、设计、建设过程中,经过几代建设者前赴后继、艰苦卓绝地探索与实践,逐渐培育、积淀和锻造形成的。[①] 杨国勇认为以"负责、务实、求精、创新"为内容的南水北调精神,是伴随南水北调工程而诞生、发展和总结形成的,是南水北调工程作业人员在与自然环境、恶劣条件作斗争,以苦干实干精神实施南水北调工程建设中所呈现出的一种崇高精神,是一笔宝贵的精神财富。[②] 朱诗慧认为在南水北调工程实施过程中孕育形成的"负责、务实、求精、创新"为内容形成的南水北调精神,是工程作业人员在谋划建设、逐步推进、攻坚克难中创建和形成的精神财富,也是中华民族伟大精神的生动体现。[③]

[①] 程殿龙:《南水北调精神大家谈》,中国水利水电出版社 2013 年版,第 5 页。
[②] 程殿龙:《南水北调精神大家谈》,中国水利水电出版社 2013 年版,第 34 页。
[③] 程殿龙:《南水北调精神大家谈》,中国水利水电出版社 2013 年版,第 43 页。

第二个阶段伴随着南水北调移民征迁的推进而展开,学术界对南水北调精神的关注聚焦于南水北调移民精神,由于研究者所关注的地域和研究方法存在差异,因此对南水北调移民精神内涵的表述也略有不同。

有学者立足于河南省的移民工程,认为在南水北调工程建设中所产生的河南移民精神就是"立党为公,执政为民,忠诚奉献,大爱报国",这种移民精神不仅是移民群众身上反映出来的精神风貌,而是涵盖了南水北调工程中移民工作的方方面面所反映出来的一种理想信念、精神状态、价值观念、思想作风。[①] 有学者立足南水北调中线工程丹江口库区移民,把南水北调移民精神的基本内涵概括为"坚毅不挠、仁厚勇武、大义担当、自强革新"。[②] 还有的学者着重考察淅川县移民征迁中所展现的移民精神,认为河南省淅川县几十万移民群众为了南水北调中线工程的建设,展现出的国家利益至上、舍家为国的家国情怀,甘于牺牲、勇于担当的宝贵品质,无怨无悔、无私奉献的高尚情操和同心协力、众志成城的集体主义精神,形成了"大爱报国、忠诚担当、无私奉献、众志成城"的淅川移民精神。[③]《焦作日报》2017年6月12日发表的《大力弘扬南水北调焦作精神》文章,把焦作市在南水北调移民拆迁中所铸就的南水北调焦作精神总结为"顾全大局、无私奉献,情系群众、务实为民,开拓创新、奋发有为,众志成城、克难攻坚"。[④]

有学者另辟蹊径,跳出地域研究的角度,从整体或者方法论层面提炼南水北调移民精神。时任国务院南水北调办征地移民司干

① 徐光春:《社会主义核心价值观与移民精神》,《河南水利与南水北调》2015年第13期。

② 刘富伟:《试论南水北调移民精神》,《光明日报》2012年12月22日,第7版。

③ 刘道兴:《南水北调工程与淅川移民精神》,《河南水利与南水北调》2014年第21期。

④ 岳静:《大力弘扬南水北调焦作精神》,《焦作日报》2017年6月12日,第5版。

部朱东恺从自身的工作实践对南水北调移民精神进行凝练,把南水北调移民精神概括为"奉献、担当、协力、共赢"①。黄荣杰依循"为了谁、依靠谁、怎么干"的逻辑关系,将南水北调移民精神归纳为以人为本、心系群众的民本精神,顾全大局、无私奉献的爱国精神,万众一心、团结奋进的协作精神和开拓创新、积极进取的拼搏精神。② 不难发现,南水北调工程浩大,涉及多个地区,而每一地区又都有各自不同的移民征迁的实际情况和问题,在这种情况下,对南水北调移民精神内涵的提炼存在不同的理解是正常的。需要指出的是,以上学者的观点基本上是将南水北调精神和南水北调移民精神等同起来,并没有具体区分两者的含义。

第三个阶段起始于 2016 年前后,把南水北调精神理解为一种总体的概括,移民精神、移民拆迁工作精神、南水北调工程建设者拼搏奋斗的精神等都是整个南水北调精神的一个组成部分。刘正才强调南水北调是一个十分繁杂而庞大的系统工程,因此南水北调精神也具有丰富内涵,因此刘正才把"负责、务实、求精、创新"的南水北调精神扩充为"舍小家、顾大局的牺牲精神,淡名利、重责任的奉献精神,重进度、保质量的担当精神,吃大苦、耐大劳的拼搏精神,不惟书、只惟实的创新精神,手挽手、肩并肩的协作精神"。③ 刘道兴在《南水北调精神初探》一书中,全面系统研究提炼了南水北调精神,首次将南水北调精神的研究提升至理论高度,依循"谁来干、为谁干、怎么干、靠谁干"的逻辑关系,将南水北调精神

---

① 朱东恺:《我心中的南水北调移民精神》,《光明日报》2012 年 12 月 22 日,第 7 版。
② 黄荣杰:《在新时代弘扬南水北调移民精神》,《社会主义核心价值观研究》2017 年第 6 期。
③ 刘正才:《弘扬南水北调精神 助力中原更加出彩》,《河南日报》2016 年 12 月 13 日,第 4 版。

归纳概括为"大国统筹、人民至上、创新求精、奉献担当"。① 吕挺琳从国家、工程建设者、移民群众和移民干部四个层面对南水北调精神内涵进行了概括,认为南水北调精神就是"人民至上、协作共享的国家精神,艰苦奋斗、创新求精的工程建设精神,顾全大局、爱国奉献的移民精神,忠诚担当、攻坚克难的移民工作精神"。② 朱金瑞遵循"为谁建、如何建、依靠谁"的逻辑体系,把南水北调精神的内涵概括为"人民至上、协作共享、艰苦奋斗、创新求精、舍家为国"。③ 从以上三个发展阶段可以看出,学术界对于南水北调精神内涵的提炼是一个由浅到深,由局部到整体不断丰富完善的动态过程,即从最初关注于南水北调工程建设者到关注南水北调移民工作再到聚焦整个南水北调精神的研究,这一过程符合对事物发展认知的一般规律。

二、南水北调精神的价值阐述

南水北调,从伟大构想到最终实现,凝聚了几代中国人的心血和努力,在工程建设中孕育的南水北调精神内涵丰富,是我们党、国家和民族的宝贵精神财富,学界一致认为南水北调精神在新时代仍具有重要的理论价值和突出的实践意义。

第一种观点认为南水北调精神的时代价值在于为"四个自信"提供强力支撑。有学者指出南水北调,是在党的坚强领导下,集中人、财、物等优势资源现实的重大工程,南水北调精神的时代价值

① 刘道兴:《南水北调精神初探》,人民出版社 2017 年版,第 8 页。
② 吕挺琳:《民族精神的传承和时代精神的熔铸——南水北调精神初探》,《领导科学》2018 年第 15 期。
③ 朱金瑞、乔靖文:《南水北调精神的内涵》,《中国社会科学报》2020 年 12 月 15 日,第 8 版。

在于彰显了中国共产党领导的强大力量，彰显了社会主义的制度优势。① 胡滨认为南水北调工程的逐步推进离不开"四个自信"的强大支撑，而铸造于南水北调工程建设中的南水北调精神，更是能够为进一步增强"四个自信"提供强有力的支撑，彰显出中国特色社会主义的巨大优越性。② 黄耀丽撰文指出举世瞩目的南水北调工程是在中国共产党坚强领导下建成的，南水北调工程建设实践中铸就的南水北调精神正是道路正确的有力证明、理论正确的现实印证、制度优越的再次彰显、文化先进的魅力映现。③ 鲁肃指出南水北调工程是在"四个自信"的强大支撑下逐步推进的，在这一伟大建设中铸就的南水北调精神，也必将为进一步增强"四个自信"提供强力支撑，激励人们在实现中华民族伟大复兴的历史征程中奋勇前进。④

　　第二种观点认为南水北调精神的时代价值在于为中国梦的实现提供动力源泉。"实现中国梦必须弘扬中国精神"⑤，有学者指出南水北调精神所蕴含的巨大时代价值与精神价值，是实现中华民族伟大复兴中国梦的强大动力源，弘扬南水北调的移民精神与建设精神，有助于中华儿女坚定信心、凝聚共识，突破阻碍深化改革、形成合力的藩篱；有助于中华儿女统筹谋划、协同推进，增强改革的勇气，激发深化改革的智慧；有助于中华儿女能够平等地共享发展成果，在实现自己梦想的基础上为实现中华民族伟大复兴的

① 刘胜：《南水北调大移民精神的历史创举与时代价值》，《决策与信息》2020 年第 10 期。
② 胡滨：《论南水北调精神的现实意义》，《学理论》2020 年第 12 期。
③ 黄耀丽：《南水北调精神的时代价值》，《南阳理工学院学报》2019 年第 3 期。
④ 鲁肃：《南水北调精神辉耀中原》，《河南日报》2017 年 12 月 12 日，第 7 版。
⑤ 中共中央文献研究室：《习近平关于实现中华民族伟大复兴的中国梦论述摘编》，中央文献出版社 2013 年版，第 47 页。

中国梦贡献力量。① 黄荣杰认为中国梦的提出向全党全社会发出了高扬理想旗帜的战略号召,这就要求我们要切实弘扬南水北调移民精神,用移民精神去克服新形势下所面临的各种考验;要以踏石留印、抓铁有痕的劲头去做实事,善始善终、坚持不懈,防止虎头蛇尾;不管做什么工作,都要求真务实,让移民精神落到实处;同时将精神的力量转化为实践,以南水北调工程大移民的精气神攻克难关,努力开创中国特色社会主义的新局面,建设美好家园,朝着中华民族伟大复兴的中国梦奋力迈进。②

　　第三种观点认为南水北调精神是社会主义核心价值观的具体阐释,弘扬南水北调精神有利于助推社会主义核心价值观在全社会的培育和践行。黄耀丽指出价值观作为精神和意识形态,既指导和引领实践,又在实践中丰富和发展,南水北调工程是建设现代化国家的鲜活现实,是实践社会主义核心价值观的重要载体,大力宣传、倡导南水北调精神,是全社会培育和践行社会主义核心价值观的有效途径。③ 有学者指出南水北调精神不仅是社会主义核心价值观的具体阐释,同时也是对社会主义核心价值观的当代践行。④ 孔国庆认为南水北调精神中蕴含的价值观不仅符合社会主义核心价值观的内在要求,还丰富和拓展了社会主义核心价值观,是涵养社会主义核心价值观的重要源泉。南水北调精神契合社会主义核心价值观的本旨,是培育社会主义核心价值观的鲜活载体,广大移民干群在南水北调工程建设中彰显的精神事迹是培育社会

---

① 胡滨:《论南水北调精神的现实意义》,《学理论》2020 年第 12 期。

② 黄荣杰:《在新时代弘扬南水北调移民精神》,《社会主义核心价值观研究》2017 年第6 期。

③ 黄耀丽:《南水北调精神的时代价值》,《南阳理工学院学报》2019 年第 3 期。

④ 黄荣杰:《弘扬南水北调移民精神　践行社会主义核心价值观》,《南都学坛》2019 年第 4 期。

主义核心价值观的典型素材。^① 徐光春指出南水北调精神形成和
发展,对于全国全社会培育和践行社会主义核心价值观所具有的
重要启示意义在于:培育和践行社会主义核心价值观,要坚持以
理想信念为核心;培育和践行社会主义核心价值观,要国家、社会、
公民三位一体,共同发力;培育和践行社会主义核心价值观,要以
人为本,服务人民;培育和践行社会主义核心价值观,要联系实际,
找好载体。^② 席晓丽认为南水北调精神是南阳人民精神的体现,
是河南人民独有的地方特色文化资源,作为地方特色文化资源的
南水北调精神,是社会主义核心价值观培育的重要载体,是新时代
社会主义核心价值体系的生动体现,因此可以通过弘扬南水北调
精神增强社会主义核心价值观培育的实效。^③

三、南水北调精神的性质探讨

中国精神的主干是民族精神和时代精神,中国精神蕴含于民
族精神和时代精神之中,它从更高的层面体现出对民族精神与时
代精神的历史传承和时代升华,是比民族精神和时代精神更高层
面的概念。^④ 学术界关于南水北调精神性质的探讨仍存在纷争,
并没有完全达成一致,对于南水北调精神性质的探讨主要存在以
下几种观点。

---

① 孔国庆:《南水北调精神助力社会主义核心价值观培育略论》,《南都学坛》2019 年第
  4 期。
② 徐光春:《社会主义核心价值观与移民精神》,《河南水利与南水北调》2015 年第 13
  期。
③ 席晓丽:《地方特色文化资源融入社会主义核心价值观培育探究》,《河南日报》2019
  年 12 月 17 日,第 7 版。
④ 余双好:《深刻理解中国精神在当代中国的特定内涵》,《思想理论教育》2019 年第 5
  期。

　　第一种观点为民族精神和时代精神论。王瑞平和陈超认为南水北调移民精神中首先体现的是移民群众和干部顾全大局、舍家为国的爱国主义精神以及自力更生、敢于担当的牺牲奉献精神，"爱国"是移民精神的核心，而"奉献"是移民精神的根本。其次，南水北调工程中的河南移民精神所体现的不仅仅是爱国、奉献等方面，还体现着时代特色，南水北调移民工程把情系移民、以人为本作为切入点和落脚点，重点在"安"，工作中处处体现出以人为本、移民利益至上的原则，并以能够达到"搬得出、稳得住、能发展、可致富"为目标，充分体现出一种与时俱进的开拓创新精神，而南水北调移民工作所体现的创新精神，除了有工作理念上的与时俱进，更有工作方法上的与时俱进，以及实际操作层面上的与时俱进。① 黄耀丽认为南水北调精神是当代中国共产党人团结带领广大人民群众在加快推进社会主义现代化、实现中华民族伟大复兴中国梦的实践中孕育形成的新时代精神，是对以爱国主义为核心的民族精神和以改革开放为特征的时代精神的传承和发展。② 莫培军强调南水北调移民精神中所体现的舍己为国的大局意识是以爱国主义为核心的民族精神的集中体现，移民工作中的干部群众，舍小家、顾大家、为国家，在"小利"和"大义"面前，移民们舍"利"取"义"，他们这种"国家兴亡、匹夫有责""苦了我一家、幸福全中国"的内心境界是以爱国主义为核心的民族精神的真实写照，而创新发展的后移民精神是以改革创新为核心的时代精神的生动展示，一切为了移民群众，让移民群众在安居新村扎根，发挥移民群众创

① 王瑞平、陈超：《浅析南水北调移民精神——以河南省南水北调丹江口库区移民为例》，《河南水利与南水北调》2014 年第 7 期。
② 黄耀丽：《南水北调精神的时代价值》，《南阳理工学院学报》2019 年第 3 期。

新发展的主体作用,才是后移民精神的意义所在。① 因此不难看出南水北调精神既具有以爱国主义为核心的民族精神的特征,也具有以改革创新为核心的时代精神的特征,它是对民族精神的继承,也是对时代精神的发展,它是民族精神与时代精神的统一体。

第二种观点为民族精神论。部分学者更加注重于南水北调精神所展现出来的民族精神,把南水北调精神确立为新时期国家精神和民族精神。② 孔国庆认为南水北调精神中的舍家为国的牺牲精神、舍小家为大家的大局意识,是爱国主义精神的生动体现;广大移民干部为了解决移民问题和工程问题,始终奋斗在前线,他们的无私奉献精神和牺牲精神就是爱国主义精神的生动体现。③ 赵志浩指出南水北调移民精神在新的时代背景下彰显了中华民族的传统民族精神,是民族精神在新时代的具体体现,库区移民所展现出来的"顾全大局,甘于奉献"等精神,是新时期的"愚公移山"。④

第三种观点为时代精神论。有学者认为南水北调工程是几代人艰苦创业的结果,南水北调工程在施工技术、建设管理、环保治污、移民征迁等方面体现出来的是一种依靠科技、引领时尚的创新精神和服务社会、争先创优的时代精神。⑤

第四种观点为科学精神与人文精神论。才淦认为南水北调精神既是一种科学精神,也是一种人文精神,它是科学精神与人文精神的统一体。其科学精神渗透在南水北调工程规划、设计、建设、

① 莫培军:《南水北调移民精神是社会主义核心价值体系的生动体现》,《河南水利与南水北调》2012 年第 15 期。
② 鲁肃:《南水北调精神辉耀中原》,《河南日报》2017 年 12 月 12 日,第 7 版。
③ 孔国庆:《南水北调精神助力社会主义核心价值观培育略论》,《南都学坛》2019 年第 4 期。
④ 赵志浩:《从愚公移山精神、红旗渠精神到南水北调精神》,《湖北职业技术学院学报》2015 年第 1 期。
⑤ 程殿龙:《南水北调精神大家谈》,中国水利水电出版社 2013 年版,第 52 页。

管理的全过程,整个过程都彰显着实事求是的科学精神;其人文精神体现在南水北调工程处处"以人为本",充分考虑人民群众的利益。南水北调精神是科学精神与人文精神在当代完美结合的样本,而科学精神和人文精神的统一保障了南水北调精神的科学性和完整性。①

通过上述分析可知,当前学术界的主流观点认为,南水北调是民族精神和时代精神的统一,也有部分学者认为南水北调精神更多体现的是一种民族精神,还有部分学者认为南水北调精神是一种时代精神。因此学术界仍需对南水北调精神的性质加以探讨,厘清南水北调精神与民族精神、时代精神的概念关系,厘清南水北调精神与中国精神的关系。

四、南水北调精神的文化渊源分析

"水背流而源竭兮,木去根而不长",任何一种文化都不是凭空产生的,都需要在原有文化渊源基础上结合时代诉求得以产生。毋庸置疑,南水北调精神的产生必然离不开南水北调的伟大实践,南水北调工程为南水北调精神的产生提供了实践基础已经得到社会的共识,学术界更加侧重于对南水北调精神文化渊源的探索与研究。

第一种观点认为南水北调精神源于中华优秀传统文化。吕挺琳撰文指出中华优秀传统文化的沃土培育了南水北调精神,团结协作是中华民族精神的重要体现,中国传统文化中倡导的"和为贵""尚仁爱"思想就是主张人人同心协力,一方有难、八方支援,在丹江口水库和南水北调中线工程建设中,沿线群众重情义、讲谦

---

① 才淦:《南水北调精神研究》,硕士学位论文,河南理工大学,2018 年,第 40 页。

让、顾大局、能奉献,保证了工程建设顺利实施,体现出中华儿女的宽阔胸怀和优秀文化品格。① 郑小九将南水北调精神的文化渊源追溯到大禹治水,从伦理精神的视角出发,强调大禹治水、南水北调都彰显出了崇高道德的巨大力量,认为大禹身上的勤劳勇敢、牺牲奉献精神,在南水北调实践中得到了时代升华,这种升华表现在南水北调沿线党员干部忠诚担当、呕心沥血,工程技术人员精益求精、不辞辛劳,数十万移民群众"舍小家、为大家""搬新家、为国家"。②

第二种观点认为南水北调精神传承和弘扬了中国革命精神的红色基因。有学者指出中国共产党领导南阳人民争取民族独立与解放的厚重革命历史为南水北调精神的形成提供了最好的营养剂,这种革命红色基因代代相传、生生不息,贯穿着南水北调工程,是南水北调精神最直接、最深厚的思想源泉,凝聚着南水北调精神的灵魂和命脉。③ 刘道兴指出南水北调精神,就是浸透着红色基因、在传承中国革命精神基础上孕育而成的新时代的伟大精神,南水北调精神对于红色基因的传承表现在,崇高革命信仰永续传递、革命英雄主义气概生生不息、艰苦奋斗的革命传统代代传承。④ 吕挺琳强调南阳厚重的革命历史血脉和红色基因滋养了南水北调精神,南阳的一山一水、一草一木,都见证了党领导人民争取民族独立与解放的伟大斗争历程,崇高的革命信仰,就如同源远流长的丹江水,无声无息地滋养着丹江儿女的心田,厚重的革命历

---

① 吕挺琳:《民族精神的传承和时代精神的熔铸——南水北调精神初探》,《领导科学》2018 年第 15 期。

② 郑小九:《大禹治水与南水北调》,《河南日报》2019 年 12 月 17 日,第 7 版。

③ 黄耀丽:《南水北调精神的红色基因浅析》,《江汉石油职工大学学报》2019 年第 4 期。

④ 刘道兴:《南水北调精神初探》,人民出版社 2017 年版,第 207 页。

史，为南水北调精神的形成提供了最好的营养剂。^①

第三种观点认为南水北调精神植根于中原人文精神。黄耀丽认为南水北调精神的形成，不仅得益于楚风汉韵的浸润，而且更植根于中原人文精神的沃土，从中原人文精神中汲取了更多的营养，中原人文精神的特质对南水北调精神的形成产生了深刻影响，并具有内在一致性，这种一致性表现在担当精神世代相传、大爱无疆代代传承、家风情怀一脉相承、创新精神千年永续、艰苦奋斗砥砺后人几个方面。^② 黄荣杰指出南水北调库区所在地地处中原文化与楚文化交汇处，既有农耕文化滋养，更兼得江河文明哺育，南水北调移民精神是对中原地区的愚公移山精神、红旗渠精神、焦裕禄精神的继承、发展和创新。^③

第四种观点认为社会主义建设和改革时期的各种精神滋养了南水北调精神。有学者指出南水北调精神与大庆精神、红旗渠精神、"两弹一星"精神、载人航天精神等一脉相承，是中华民族继承和发扬以爱国主义为核心的民族精神的新成果，是在新的历史实践中树立起来的伟大精神丰碑。^④ 刘道兴认为南水北调精神不仅是社会主义建设精神的丰富发展，同时也是改革开放精神的生动体现。社会主义建设精神中的无私奉献的价值导向、战天斗地的创业激情、顾全大局的崇高品格为南水北调精神的生成提供了丰厚的土壤，而改革开放的时代精神是南水北调工程建设的精神支

① 吕挺琳：《民族精神的传承和时代精神的熔铸——南水北调精神初探》，《领导科学》2018 年第 15 期。

② 黄耀丽：《略论南水北调精神中的中原人文精神特质》，《济源职业技术学院学报》2019 年第 3 期。

③ 黄荣杰：《弘扬南水北调移民精神　践行社会主义核心价值观》，《南都学坛》2019 年第 4 期。

④ 吕挺琳：《民族精神的传承和时代精神的熔铸——南水北调精神初探》，《领导科学》2018 年第 15 期。

撑和强大动力,为南水北调精神提供了重要的滋养。①

五、南水北调精神的传播途径探讨

　　南水北调精神是中华民族的宝贵精神财富,其价值的发挥要有一个从自觉培养、积极传播到为大家所广泛接受并自觉实践的过程。南水北调精神要在新时代发挥其精神力量,取得良好效果,就要坚持正确的弘扬途径和有效的科学方法,有学者就如何弘扬南水北调精神提出了诸多针对性、可行性高的方法策略。

　　第一种观点强调要增强南水北调精神的认同性。有学者指出增强对南水北调精神的认同是关键,认同是精神研究的目的和归宿,是推动社会主义核心价值观体系大众化的核心步骤,也是南水北调精神从书斋走向大众的关键环节。② 鲁肃认为要把南水北调精神确立为新时期国家精神民族精神,在奋力实现中华民族伟大复兴中国梦的征程中,发掘提炼工程建设过程中孕育生成的爱国情怀、奉献精神和崇高操守,有助于让后人铭记这段历史,同时也有助于传承南水北调精神,增强南水北调精神在社会各界的认同性。③ 刘道兴指出南水北调精神在社会实践中发挥着集体认同和激励导向作用,把南水北调精神提升为国家精神民族精神不仅是理所当然,也是增强中华民族自豪感和民族自信心的现实需要,但与此同时把南水北调精神提升为国家精神民族精神需要有一个过程,这个过程需要国家层面的宣传推动。④

---

① 刘道兴:《南水北调精神初探》,人民出版社 2017 年版,第 227 页。
② 岳奎:《南水北调精神现状与问题、重点与关键》,《河南日报》2019 年 12 月 17 日,第 7 版。
③ 鲁肃:《南水北调精神辉耀中原》,《河南日报》2017 年 12 月 12 日,第 7 版。
④ 刘道兴:《南水北调精神初探》,人民出版社 2017 年版,第 345 页。

　　第二种观点注重通过新媒体来弘扬南水北调精神。孔国庆认为南水北调精神的弘扬要适应新媒体特点,拓宽传播渠道,加快新旧媒体的融合,实现优势互补,打造一个立体化的传播形态,通过多种微活动使南水北调精神不再是高高在上的空谈的理论,要使人民群众明白它就在实际生活中,更加直观地感受到南水北调精神就是社会主义核心价值观的实践成果。① 张秀丽认为在日新月异的微时代传播生态中,传播好南水北调移民精神,要适应微媒体的传播特点,丰富南水北调移民精神的传播形式和内容;拓宽传播渠道,构建"微时代"下南水北调移民精神立体化传播体系;结合微媒体的平台特性,增强受众的互动体验;紧跟技术发展的步伐,拓展受众体验方式;借助各种移动终端,加强宣传教育,顺势而为,因时而动。② 才淦认为南水北调精神的传播不仅要充分地运用固有传播载体,还要开发新的传播载体,不断引入新的传播载体,给南水北调精神的弘扬不断注入新鲜的血液,最后形成以网络载体为主导、多种载体共同运用的格局对南水北调精神进行弘扬传播。③

　　第三种观点认为要在课堂教学中传承南水北调精神。王伟提出在课堂教学中,教师可以通过找准相似点,不失时机讲述移民精神;抓住契合点,随时随地学习移民精神;落实实践点,身体力行感受移民精神;感悟生情点,潜移默化传承移民精神,从这四个方面着手鼓励学生学习移民精神,并发扬移民精神,让移民精神在学生思想上得到传承。④ 孔国庆指出弘扬南水北调精神必须充分发挥课堂教学的主渠道作用,在思想政治理论课教学中加入南水北调

①　孔国庆:《南水北调精神助力社会主义核心价值观培育略论》,《南都学坛》2019 年第 4 期。
②　张秀丽:《微时代南水北调移民精神传播策略研究》,《新闻爱好者》2017 年第 12 期。
③　才淦:《南水北调精神研究》,硕士学位论文,河南理工大学,2018 年,第 60 页。
④　王伟:《有效利用语文课堂,传承南水北调移民精神》,《学苑教育》2018 年第 1 期。

精神的教学内容,运用"第一课堂"系统学习和"第二课堂"的实践侵染,使南水北调精神植根于学生心中,使南水北调精神以潜移默化的方式得到传承。① 梁运阁认为可以从三个方面改进南水北调移民精神在思想政治课教学中的实效性,即在课前准备、课堂实施和课后延展三个阶段,加强教师的理论知识储备,提高应用意识和能力,发挥教师的主导性;改进对学生的评价机制,培养学生参与开发意识,调动学生积极性;优化学校和教育部门对南水北调移民精神应用于思想政治教学的外部环境,为南水北调移民精神的应用保驾护航。② 罗清霞认为在思想政治理论课教学中要充分运用新媒体设备,实现南水北调精神传播渠道的拓展,同时要进一步强化宣传教育,通过多样化的实践活动来增强学生对南水北调精神的体验感。③

第四种观点提出要搭建南水北调精神的交流传播平台,既要加强政府、智库、学界之间的交流与对话,也要加强南水北调精神的大众化传播。④ 黄荣杰提出要以南水北调干部管理学院和南水北调博物馆、南水北调中线工程纪念馆为平台,增加与全国类似平台的学习和交流,形成精神教育合力;以地方院校为依托,加强对南水北调移民精神的纵深研究,形成传播和宣传的合力。⑤ 席晓丽认为要用心经营特色文化资源,依托南水北调渠首和南水北调

---

① 孔国庆:《南水北调精神助力社会主义核心价值观培育略论》,《南都学坛》2019 年第 4 期。

② 梁运阁:《南水北调移民精神在高中思想政治课教学中的应用研究》,硕士学位论文,河南大学,2020 年,第 27 页。

③ 罗清霞:《南水北调精神融入思想政治理论课教学的重要意义》,《现代职业教育》2021 年第 4 期。

④ 岳奎:《南水北调精神现状与问题、重点与关键》,《河南日报》2019 年 12 月 17 日,第 7 版。

⑤ 黄荣杰:《在新时代弘扬南水北调移民精神》,《社会主义核心价值观研究》2017 年第 6 期。

干部学院,打造以南水北调精神为核心的特色文化资源品牌,努力传承好南水北调精神。[①] 王英华认为南水北调精神的弘扬要进一步提升南水北调工程综合展示水平,同时,也要进一步加强南水北调精神的传播交流。鼓励扶持相关研究团体和沿线宣传部门定期开展专题研究和学术研讨,扩大与国内国际调水工程机构的沟通交流。定期组织文学、艺术等其他领域的学者进行写生、采风等活动,以直观生动的形式讲述南水北调的故事。[②] 孔国庆强调要构建人民群众的体验平台,让人民群众深切地感受到移民舍己为人的大局意识、舍家为国的爱国精神和牺牲精神,借以强化人民群众对社会主义核心价值观及南水北调精神的认同。[③]

梳理当前南水北调精神的研究现状可以得知,2012 年以来,特别是党的十八大提出要培育和践行社会主义核心价值观以来,社会各界积极开展精神文明创建活动,南水北调精神的研究也随着精神文明创建活动的深入开展而进一步深化。当前,学术界对于南水北调精神的研究取得了长足的进展,期刊、报纸、专著、学位论文等均获得可喜的成果。在研究深度上,由移民精神内涵的探讨转向对整个南水北调精神内涵的研究,把南水北调精神提升至理论的高度,对于南水北调精神的文化渊源和精神性质也做了学理性的研究,开拓了南水北调精神研究的新境界。在此基础之上,学术界又将研究的焦点集中于南水北调精神的实践意义和时代价值,注重将南水北调精神与培育和践行社会主义核心价值观联系

---

① 席晓丽:《地方特色文化资源融入社会主义核心价值观培育探究——以南水北调精神为例》,《河南日报》2019 年 12 月 17 日,第 7 版。
② 王英华:《南水北调精神及其弘扬途径与方法》,《河南日报》2019 年 12 月 17 日,第 7 版。
③ 孔国庆:《南水北调精神助力社会主义核心价值观培育略论》,《南都学坛》2019 年第 4 期。

起来。与此同时,还有学者将研究的重心侧重于如何弘扬和传播南水北调精神,并提出了许多符合实际、可操作的方法策略。这些已有的、珍贵的研究成果为接下来在新时代的历史坐标中更好地研究南水北调精神提供了可供借鉴的宝贵经验。

第三节   南水北调精神研究的基本特征

研究者们对南水北调精神不同的提炼,从不同层面概括了南水北调精神的内涵,均有一定合理性,为今后的研究工作奠定了良好的基础。总体上看,关于南水北调精神研究已经取得了阶段性的成果,特别是党的十八大以来,有关南水北调精神的研究成果日渐丰富,呈现出研究的内容相对集中、对南水北调精神要义的看法逐渐趋于一致、研究分布呈现地域特征、研究的主体日渐丰富等特点。

一、内容相对集中

查阅知网关于"南水北调精神"的期刊论文、学位论文和报纸报刊可知,当前学界关于南水北调精神研究的内容主要集中在南水北调精神内涵提炼、时代价值、传播培育、性质探讨、文化渊源等方面。

关于南水北调精神基本内涵进行提炼研究的文献有 36 篇,约占文献资料的 77%,是南水北调精神研究最为集中的领域。学术界关于南水北调精神内涵的提炼可以大致划分为三个阶段,形成了三种代表性观点,即国务院南水北调办公室提出的"负责、务实、求精、创新"；①刘道兴 2017 年在《南水北调精神初探》一书中提出的"大国统筹、人民至上、创新求精、奉献担当"；②吕挺琳 2018 年在《民族精神的传承和时代精神的熔铸——南水北调精神初探》一文中提出的"人民至上、协作共享的国家精神，艰苦奋斗、创新求精的工程建设精神，顾全大局、爱国奉献的移民精神，忠诚担当、攻坚克难的移民工作精神"。③

　　对于南水北调精神时代价值进行阐述说明的文献有 21 篇，约占文献资料的 45%，研究数量仅次于南水北调精神内涵研究。学者大多认为南水北调精神的时代价值在于为"四个自信"提供强力支撑，为中国梦的实现提供动力源泉，以及有利于助推社会主义核心价值观在全社会的培育和践行等几个方面。

　　对于南水北调精神传播培育研究的文献有 20 篇，约占文献研究资料的 43%，是南水北调精神研究较为集中的领域。国内学者认为，在新时代弘扬和传承南水北调精神，强调南水北调精神的大众化传播，首先要增强南水北调精神的认同性，同时注重发挥新媒体的传播作用，其次要充分利用课堂教学来传承南水北调精神，最后要积极搭建南水北调精神的交流传播平台，加强政府、智库、学界之间的交流与对话。

　　对于南水北调精神文化渊源追溯的文献有 11 篇，约占文献资料的 23%。学术界大多认为南水北调精神源于中华优秀传统文化，植根于中原人文精神，传承和弘扬了中国革命精神的红色基因，并且社会主义建设和改革时期的各种精神传承引领了南水北调精神。而对于南水北调精神性质进行分析探讨的文献有 10 篇，

---

① 程殿龙：《南水北调精神大家谈》，中国水利水电出版社 2013 年版，第 5 页。
② 刘道兴：《南水北调精神初探》，人民出版社 2017 年版，第 8 页。
③ 吕挺琳：《民族精神的传承和时代精神的熔铸——南水北调精神初探》，《领导科学》2018 年第 15 期。

约占文献资料的 21％,其主要观点为南水北调精神是民族精神和时代精神的具体彰显。

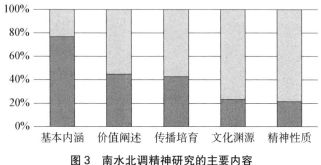

图3   南水北调精神研究的主要内容

二、要义看法趋同

党的十八大以后,随着南水北调精神研究的不断推进与深入,通过对所搜集到的学术文献进行分析可知,学术界对于南水北调精神所体现的价值取向、情感特质、时代风貌、方法论思维等要义的看法逐渐趋于一致,只是存在文字上的表述差异。

学界所提炼的南水北调精神内涵都体现了以人民为中心的价值取向。人民立场是中国共产党的根本政治立场,也是马克思主义政党区别于其他政党的显著标志,党的一切工作都是为了实现好、维护好、发展好最广大人民根本利益。南水北调工程作为党领导中国人民奋力建设的伟大民生工程,体现了党坚持人民立场,坚持人民主体地位的执政理念。刘道兴在提炼南水北调精神的基本内涵时,把"人民至上"作为南水北调精神内涵的重要表述,并得到了学术界的广泛共识。刘道兴认为"人民至上"反映了南水北调工程的根本目的和价值取向,集中回答了建设南水北调工程"为什么"的重大问题,又是当代中国共产党人治国理政新思想在南水北调工程推进过程中的集中体现。[1] 吕挺琳同样把人民至上作为南水北调精神丰富内涵的一个方面,并在此基础上提出"人民至上、协作共享的国家精神"。[2] 李鉴修在脱贫攻坚中对于南水北调精神有了更深的认识,认为人民至上是南水北调精神的灵魂,也是脱贫攻坚的价值追求。只有心向人民、与人民同呼吸、共命运、心连心,才能使扶贫和扶智相结合,有效引导贫困群众树立"我要脱贫"意识,增强改变贫困面貌的干劲和决心。[3] 吕廷君则从四个角度对南水北调精神所体现的人民至上的价值取向进行详细阐释,即人民至上是中国共产党最基本的执政理念,要求党和政府毫不动摇地把人民的意志和利益放在首位;人民至上要求党和政府统筹全局、协调四方;人民至上要求设计者和建设者要创新求精、忠诚担当;人民至上要求移民要顾全大局、牺牲奉献。[4] 南水北调工程是事关国计民生的战略性基础设施,惠及亿万群众,这项民生工程从设计、建设到运行始终把"人民至上"理念贯穿其中,当前学术界关于南水北调精神内涵提炼契合南水北调工程以人民为中心的价值取向。

学界所提炼的南水北调精神内涵都展现出舍家为国的情感特质和积极向上的时代风貌。精神具有主体性和时代性,所以一定主体的精神必然要反映一定主体的情感特质,一定时代的精神必然要反映一定时代风貌。精神的情感特质和时代风貌理应在文本

---

① 刘道兴:《南水北调精神初探》,人民出版社 2017 年版,第 244 页。

② 吕挺琳:《民族精神的传承和时代精神的熔铸——南水北调精神初探》,《领导科学》2018 年第 15 期。

③ 李鉴修:《以南水北调精神为脱贫攻坚增动力》,《河南日报》2019 年 12 月 17 日,第 7 版。

④ 吕廷君:《"人民至上"是南水北调精神的核心理念》,《河南日报》2019 年 12 月 17 日,第 7 版。

表达中予以呈现。岳静认为在困难面前,焦作人民以其特有的精神境界、奋斗意志、超人智慧,以奋不顾身、勇往直前的干劲,书写了中国水利史上的奇迹,铸就了"开拓创新、奋发有为"的南水北调焦作精神,体现了焦作人不怕困难,昂扬向上的时代风貌。[①] 刘道兴认为南水北调工程建设的生动实践留下了许多可歌可泣、可敬可叹的时代赞歌,感召和产生了"大爱报国、忠诚担当、无私奉献、众志成城"的淅川移民精神,始终是激励一代又一代淅川儿女无私奉献、奋发向上的无形力量。[②] 时树菁指出,在拆迁移民过程中,无论是移民干部还是搬迁群众,都能正确处理好个人与国家、个人与社会的关系,做到国家民族利益为重,以国家社会发展大局为重,为南水北调工程的顺利推进牺牲家园、财产甚至生命,以实际行动书写中华民族的精神底色。[③] 王瑞平指出南水北调精神是一种顾全大局、舍家为国的爱国主义精神,并进一步指出"爱国"是移民精神的核心,而"奉献"是移民精神的根本,移民迁移安置过程"充分展现了广大移民群众伟大的爱国主义情怀以及牺牲奉献精神"。[④] 南水北调工程是保障民生、满足人民群众对美好生活需要的重大战略举措,也是实现中华民族伟大复兴的战略性、基础性设施。这种实践属性从本质上决定了南水北调精神所蕴含的情感和时代风貌,当前学术界关于南水北调精神内涵提炼符合中国人民在追求美好生活、实现中华民族伟大复兴实践中展现出的精神特质和时代气韵。

学界所提炼的南水北调精神内涵都蕴含了团结协作、求实创

① 岳静:《大力弘扬南水北调焦作精神》,《焦作日报》2017 年 6 月 12 日,第 5 版。
② 刘道兴:《南水北调工程与淅川移民精神》,《河南水利与南水北调》2014 年第 21 期。
③ 时树菁:《南水北调移民精神研究述评》,《南都学坛》2018 年第 3 期。
④ 王瑞平、陈超:《浅析南水北调移民精神——以河南省南水北调丹江口库区移民为例》,《河南水利与南水北调》2014 年第 7 期。

新的方法论思维。按客观规律办事、大胆创新、团结协作是南水北调工程顺利推进的必然保障,国内学者在提炼南水北调精神内涵时,无论是基于南水北调移民工程,抑或是立足于南水北调建设工程,均把团结协作和求实创新视为南水北调精神的重要组成部分。朱金瑞认为推进南水北调工程顺利实施,不仅要求区域、领域、部门和单位的综合协调,并且要求正确认识和处理工程建设与经济发展、生态环境、移民安置等一系列重大关系,而创新求精是把建设南水北调工程建成精品工程的重要法宝和保证。① 刘正才也认为南水北调是一个十分繁杂而庞大的系统工程,涉及到移民、征地、拆迁、工程建设以及水源水质保护等方方面面,在移民和建设过程中需要克服许多难题,因此需要铁路、交通、水利、电力、文物等单位团结协作、大胆创新,一起克服一个又一个难题,保证移民和工程的顺利开展。② 吕挺琳同样认为南水北调工程是多学科、跨地区、宽领域团结合作的典范,它离不开党中央、国务院的统筹协调,也离不开各地区、各部门的通力协作。而工程设计人员、技术及施工人员不畏困难,迎难而上,以科学为依据,以创新为动力,以求精为目标,在工程中积极开展创新,保证了工程的质量和速度。③ 南水北调工程是一个庞大复杂的系统工程,整个工程面临着过去从来都不曾遇见的一系列难题,面对这些难题,南水北调的建设者始终把团结协作和创新求精的思维理念贯穿到南水北调的各个环节,确保了工程的顺利开展。当前学术界关于南水北调精

---

① 朱金瑞、乔靖文:《南水北调精神的内涵》,《中国社会科学报》2020 年 12 月 15 日,第 8 版。

② 刘正才:《弘扬南水北调精神　助力中原更加出彩》,《河南日报》2016 年 12 月 13 日,第 4 版。

③ 吕挺琳:《民族精神的传承和时代精神的熔铸——南水北调精神初探》,《领导科学》2018 年第 15 期。

神内涵的提炼符合南水北调实施过程中所展现出来的团结协作和求精创新的方法论思维。

三、呈现地域特征

近年来,国内学术界对于南水北调精神进行了大量研究,而河南省尤其是以南阳市为核心的区域由于是南水北调中线工程的起点和核心水源区,无论从本地红色文化发展角度还是从经济政治各方面因素考虑,掀起了对南水北调精神的学习和研究热潮。

查阅知网关于"南水北调精神"的期刊论文,在30余篇期刊论文中有28篇论文作者所在单位来自河南省,约占全部期刊论文总数的93%,有18篇期刊论文作者所在单位来自南阳市,约占全部期刊论文总数的60%,位于南阳市的南水北调干部学院、南水北调精神研究院、中共南阳市委党校三家研究主体发文量为14篇,约占期刊论文总量的47%。在全部期刊论文中有16篇学术期刊的主办单位来自河南省,发文量约占全部期刊论文总数的53%。已发表的3篇硕士学位论文的学位授予单位也全部来自于河南省。《河南日报》《南阳日报》《焦作日报》等河南省报纸发文量约占全部报纸发文总数的78%。由此可见,河南是全国研究南水北调精神的热点省份,其中南水北调中线工程所在地南阳市是其中最热地区,形成了关于南水北调精神研究呈现出明显的河南南阳一地的繁荣景象。

四、主体日渐丰富

党的十八大之前,关于南水北调精神的研究更多的是一种官方宣传报道，谈不上真正意义上的学理研究，其背后的推动力量也主要是政府。比如《焦作日报》在 2009 年 10 月 12 日发表的《感谢广大干部群众　善始善终做好工作　总结南水北调精神　推动各项工作开展》的新闻报道中，焦作市领导指出"在征迁安置工作中，我市涌现出大量为工程主动搬家、带病坚持工作等感人事迹。征迁群众的牺牲和奉献，党员干部的付出和心血，都将凝练成为国分忧、无私奉献、克难攻坚、勇于创新等南水北调精神。""宣传部门要认真总结这种精神，各级各部门要把这种精神融入各自工作中，推动全市各项工作开展"。① 此外 2010 年 4 月，时任国务院南水北调办主任张基尧在南水北调系统全国先进工作者座谈会上指出："认真负责、爱岗敬业精神，求真务实、无私奉献精神，执着追求、勇于创新精神，善于协调、团结合作的精神，是南水北调精神的集中体现，值得广大南水北调工程建设者认真学习和发扬光大"。② 这些新闻报道旨在以南水北调精神来增强南水北调建设者的信心，勉励南水北调工作者扎实工作，团结进取，形成比团结、比干劲、比贡献的氛围，促进南水北调工程建设迈上新的台阶，为南水北调早日实现全线通水目标做出贡献。

　　党的十八大之后，学术界日益从学理性的角度对南水北调精神进行研究和思考，南水北调精神研究的主体逐渐壮大。2014 年南水北调干部学院经河南省委批准在淅川县丹阳镇成立，功能定位为开展南水北调精神和群众路线为主的特色党性教育，将南水北调精神总结为：大国统筹、人民至上、创新求精、奉献担当。

① 石坚：《感谢广大干部群众　善始善终做好工作　总结南水北调精神　推动各项工作开展》，《焦作日报》2009 年 10 月 12 日，第 1 版。
② 《南水北调系统全国先进工作者座谈会在京举行》，2010 年 4 月，中华人民共和国中央人民政府网（http://www. gov. cn/govweb/gzdt/2010-04/28/content_1594500. htm）。

2016年5月起,南水北调干部学院与河南省社科院联合组成课题组,对南水北调精神展开深入研究,并取得可喜的成果。以南水北调干部学院为作者单位发表的学术论文有《略论南水北调精神的核心理念——人民至上、协作共享》《南水北调精神的时代价值研究》《南水北调工程与淅川移民精神》等,于2017年出版专著《一渠丹水写精神(南水北调中线工程与南阳)》《南水北调精神初探》《南水北调工程文化初探》等。

2018年南水北调精神研究院在南阳师范学院成立并揭牌,主要从事南水北调精神等方面的学术研究和理论宣传。南水北调精神研究院多次举办学术年会,专门为研究南水北调精神设置一系列议题。例如南水北调精神研究院先后在2018年9月和2019年9月举办"南水北调精神研究院成立暨中原更加出彩·南阳师范学院更加出彩研讨会""南水北调精神研究院2019年学术年会"。会议邀请了来自清华大学、中国地质大学、河南社会科学院、河南科技大学和河南理工大学等高校的多位专家教授,以及来自河南省教育厅思政处和南水北调干部学院的相关领导,并取得部分极具启发性的成果。

一是要认真研究、提炼南水北调精神。南水北调精神源自南水北调工程,南水北调精神是社会主义核心价值观的重要和直接来源。高校要在立德树人的实践中,不断探索南水北调精神的意义和价值。要在时代的不断发展中,进一步拓展对南水北调精神的研究视野。既可以对南水北调精神做出直接内容概括,也可以对南水北调精神的某个分支做出概括,比如可以将移民精神作为南水北调精神的核心,并通过对其的"哲学拷问"来进一步系统"拷问"南水北调精神的生成、内涵、规律和时代价值。二是要积极地实践南水北调精神,要把南水北调精神中的理念、思维、智慧、道德规范等注入实践,注入时代,转化为立德树人的实践。具体来说就是要建设大美南阳,提升南阳人的精神境界,改进学校立德树人的实践效果。三是要建立起南水北调精神研究的长效机制。要以南水北调干部学院为抓手,建立起长效机制,持久服务于南阳人民的精神需要。四是要进一步增强研究自信。越是民族的,就越是世界的。越是地方的,就越是国家的。[1]

——清华大学马克思主义学院教授吴潜涛

　　南水北调精神研究是一块研究空间很大的处女地。对这一问题的研究首先需要加强对历史的研究,南水北调本身的历史就是一部新中国的发展史,也是一部新中国七十年的奋斗史。如果说过去的移民史是一部血泪史,那么现在的移民史则是一部幸福史。其次是要加强对内容的研究。南水北调精神是新时代的表现和注脚。要推动南水北调精神的本地化,要进一步发掘南水北调精神与脱贫攻坚,与美丽中国的关系。南水北调精神的研究还需要与时俱进,进一步加大发掘力度,通过学界对话,逐步形成共识。同时还要进一步提高层次,加强宣传,让更多的人了解、认同南水北调精神。第三是要加强对南水北调精神的认同研究。认同是由弗洛伊德提出的一种趋同的过程,它满足了个体对归属感的需求。认同包含了认知、情感和互动三个层面。这带来的启示之一就是可以将虚拟仿真教学技术用于对南水北调精神的宣传和教学上。最后是要加强对南水北调精神研究的平台建设。平台建设包括了对话平台、展示平台、科研平台、资政平台、讲话平

---

[1]《南水北调精神研究院 2019 年学术年会暨教育部课题开题报告会在我校召开》,2019 年 10 月,南阳师范学院马克思主义学院(http://www2. nynu. edu. cn/yuanxi/mkszyxy/news. aspx? id = 6215)。

台等方面。①

——中国地质大学(武汉)马克思主义学院教授岳奎

水治理在中国有着长远的历史传承。新中国成立以来,我国取得了巨大的治水成就。新中国水治理精神就体现为党的领导、社会主义、集体主义、斗争精神和奉献精神。南水北调工程面临的两大战役,一个是移民安置,一个是保护水质。这也正好符合习近平总书记视察河南期间就黄河治理发表的重要讲话精神。南水北调精神体现为"大国统筹,人民至上,创新求精,奉献担当"。在南水北调精神融入思政课教学的方法上,要坚持政治、正确、正面的原则,通过教学融入,培养目标是培养社会主义建设者和接班人。②

——河南科技大学马克思主义学院院长、教授刘振江

南水北调精神研究院在举办学术年会和研讨会的同时,还发表了多篇学术论文,包括《在新时代弘扬南水北调移民精神》《南水北调移民精神研究述评》《移民史视阈下南水北调精神的历史地位——兼论精神形态的生成标准、类型归属》《南水北调精神研究的方法论反思》《南水北调精神助力社会主义核心价值观培育略论》等,这些论文的发表丰富了南水北调精神研究的成果,对于南水北调精神的传播与弘扬起到了推动作用。

除了南水北调干部学院和南水北调精神研究院等科研机构

---

① 《南水北调精神研究院 2019 年学术年会暨教育部课题开题报告会在我校召开》,2019 年 10 月,南阳师范学院马克思主义学院(http://www2. nynu. edu. cn/yuanxi/mkszyxy/news. aspx? id = 6215)。

② 《南水北调精神研究院 2019 年学术年会暨教育部课题开题报告会在我校召开》,2019 年 10 月,南阳师范学院马克思主义学院(http://www2. nynu. edu. cn/yuanxi/mkszyxy/news. aspx? id = 6215)。

外,中共南阳市委党校成为南水北调精神研究的另一主要力量,发表了包括《南水北调中线工程的大国工匠精神探析》《略论南水北调精神之灵魂——大爱无疆》《南水北调精神与社会主义建设精神关系探析》《略论南水北调精神中的中原人文精神精神特质》《南水北调精神的红色基因浅析》等多篇学术论文。由此可以看出,2012年以来,南水北调精神的研究主体逐渐丰富多元,形成了以南水北调干部学院、南水北调精神研究院、中共南阳市委党校为主要力量,政府和其他高校为重要补充的多元研究格局。研究主体的多元化为南水北调精神的研究注入了新鲜血液,进一步挖掘了南水北调精神的内在价值,提升了南水北调精神的影响力和认可度,关于南水北调精神的研究已吸引越来越多主体的关注与探索。

第四节 南水北调精神研究的辩思展望

方法论是人们改造世界的一般方法,在科学研究中处于基础地位。任何一项科学研究的顺利开展皆有赖于相应方法论的指导,在错误方法论指导下研究得出的结论经不起质疑和推敲。所以,科学的结论必须建立在科学的方法论基础上。目前,关于南水北调精神的研究,在方法论上存在一些较为明显的偏颇,这些偏颇直接影响相关研究的深入开展。因此,有必要拓展南水北调精神研究的方法,对南水北调精神研究中存在的问题予以澄清和校正。

一、克服南水北调精神研究的地方本位

南水北调精神研究中存在的地方主义、本位主义主要表现在一切从本区域的情况出发,基于南水北调中线为中心的实践来探

讨南水北调精神,将南水北调移民精神地域化,进而影响南水北调
精神在全社会的广泛传播与高度认可,因此需要从方法论层面摒
弃南水北调精神研究的地方主义、本位主义。

(一) 地方本位表现

南水北调精神应该是对工程总体精神的概括和反映,但从目
前的研究情况看,还存在着地方本位的思想观念,这种思想观念既
有较为明显的直接表现,也有隐而不彰的立场预设。

首先较为明显的地方本位就是直接将南水北调移民精神地域
化,理解成特定的地域性精神。比如,将南水北调精神局限于"淅
川移民精神"①"南水北调焦作精神"②"邓州渠首精神"③"河南移民
精神"④等等。正如有学者指出,"部分学者将南水北调移民精神
过度地域化,将南水北调移民精神局限于某一区某一县的狭小范
围之中……纷纷强调本地区为该工程所做出的巨大贡献和牺牲,
实际上这样的研究不免带有急功近利的心理,是为本地'争荣
誉'……诸如地域性'争荣誉'的研究不利于系统完整地理解南水
北调移民精神,难以进一步提升南水北调移民精神的地位,难以使
南水北调移民精神上升为整个国家民族精神的一部分,得到全社
会范围内的广泛认可和弘扬。"⑤

其次"中线中心主义"是另一种隐性的地方本位,表现为基于
南水北调中线工程为中心来探讨南水北调精神。例如,把南水北

---

① 刘道兴:《南水北调工程与淅川移民精神》,《河南水利与南水北调》2014 年第 21 期。

② 岳静:《大力弘扬南水北调焦作精神》,《焦作日报》2017 年 6 月 12 日,第 5 版。

③ 郭来彦:《弘扬南水北调"渠首"精神　更好构筑中国价值　中国力量》,《河南水利
与南水北调》2018 年第 12 期。

④ 徐光春:《社会主义核心价值观与河南移民精神》,《光明日报》2015 年 8 月 8 日,第 6
版。

⑤ 时树菁:《南水北调移民精神研究述评》,《南都学坛》2018 年第 3 期。

调移民精神研究仅仅局限于中线工程丹江口库区移民工作方面,没注意到东线过程同样存在的移民工作,其结果是把仅仅基于南水北调中线工程实践的理论概括,推而广之于整个南水北调工程,因而产生明显的以偏概全的倾向。例如有的学者就提出"渠首精神"或者过度宣传中线工程,将建立在中线工程实践基础上的理论成果,推广到整个南水北调工程,导致以偏概全。南水北调是一项系统性、全局性、复杂性的工程,无论哪一个区域的建设者、移民者和工作者都为这项工程付出了自己的心血,做出了巨大牺牲。例如南水北调东线一期工程永久占地 1.06 万公顷,临时占地约 2670 公顷,拆迁房屋 101.34 万平方米,迁移人口约 2.53 万人,征地及移民安置补偿静态投资约 27 亿元。第二期工程在第一期工程的基础上,增加永久占地 1.28 万公顷,临时占地近 3000 公顷,拆迁房屋 73.13 万平方米,迁移人口约 1.83 万人,增加征地及移民安置补偿投资约 28 亿元。第三期工程在第二期工程的基础上,增加永久占地约 7730 公顷,临时占地约 2600 公顷,拆迁房屋 113.65 万平方米,迁移人口约 2.84 万人,增加征地及移民安置补偿投资约 24 亿元。在治污方面,南水北调东线治污工程总投资 240 亿元,由东线工程分摊截污导流工程投资 24.9 亿元,其中第一期工程 17.25 亿元,第二期工程 7.65 亿元。

研究中所存在的地方主义、本位主义及"中线中心主义"的学术立场,使其研究结论在一定程度上不具有普遍性,就很难得到全社会的广泛认可。

(二) 地方本位产生的原因

在南水北调精神研究中,地方主义、本位主义和中线中心主义之所以存在偏颇,就在于它是从本地区的局部而不是从中华民族的整体出发。研究南水北调精神如果在这种偏颇方法论的主导下,不仅可能产生一系列带有偏颇或偏见的理论成果,而且在地方本位主义和中线中心主义的支配下,在相关研究结果中出现了简单化的倾向。既不自觉地"遮蔽"其他省市南水北调的工程实践及其精神成果,以某一省一市的个别性经验总结进而想当然地设定其他省市地区的南水北调工程具有同质性的精神特征。

地方主义、本位主义和"中线中心主义"产生的原因大致有两个方面:第一,价值偏好。研究者所存在的地方本位及"中线中心主义"的学术立场,从研究者价值观角度看,是不自觉地将研究者的价值偏好加入南水北调精神研究中,其结果是以价值判断代替事实判断,因个人主观价值倾向而导致对客观事实的遮蔽。第二,受河南为南水北调工程所做出的巨大贡献和牺牲及其对南水北调中线工程举足轻重地位的影响。诚然,河南作为南水北调中线工程的水源地,是中线工程中渠道最长、投资最多、移民任务最重、占地最多的省份,可以说为南水北调中线工程做出了巨大牺牲。但过于强调某一地区局部,无视全局整体、长远效益的充分发挥,势必陷入地方本位。

(三) 摒弃南水北调精神研究的地方本位

要使南水北调移民精神在国内学界达成共识,很显然需要时间的积淀,其中摒弃地方主义、本位主义是第一步,也是非常重要的前提性的一步。如何克服研究中的地方主义、本位主义和"中线中心主义",这就要求研究者必须以更加广阔的整体视角,超越自觉或不自觉的地方主义、本位主义和"中线中心主义",将视线投射到南水北调涉及的所有省市地区和部门。

一方面要坚持价值中立,彻底摒弃地方本位和"中线中心主义"。遵循事物的本来面目,不管研究结果对研究者所在区域是否有利。此外,还必须公正地评价其他省份南水北调工程的精神成果,不能将任何其他省市的贡献和经历当作无关紧要的东西加以漠视甚至排斥。

另一方面要树立全局观念。江河之水不分地域界限,南水北调跨越多个省市,因此,要注重对全国各个省市之间的水资源相互联系、相互作用的研究,从全国一盘棋的视角,从各地区团结协作的角度而不是从某一地区的视角对南水北调精神的产生和发展进行全方位考察。正如有研究者指出的,实际上,除了河南省之外,河北省也是南水北调工程的主要承建省,总干渠跨境工程长达596公里,总投资将近420亿元。作为受水地区的京、津两市尽管承担的建设任务相对少些、迁建损失相对小些,但是对豫、冀两省,特别是为河南省提供了大量的资源补偿和对口支援。例如,北京与河南签署了"1+6"合作协议,支持和引导北京信息技术、装备制造、商贸物流、教育培训、健康养老、金融后台、文化创意、体育休闲等领域产业向河南转移等等。[①]

二、厘清南水北调精神概念的属种关系

许多学术争论其根源都在于概念混乱,所以,通过概念分析法理清相关概念对所有人文社科研究者而言都是必要的,特别是在当前研究者对如何概括南水北调精神出现争执不下的场景下,最好的办法就是回到起点,从概念界定开始重新反思已有的研究。为此,研究南水北调精神起点是在概念属种关系方面,要厘清其与上位概念民族精神、时代精神的关系,即南水北调精神概念究竟属于民族精神范畴还是属于时代精神范畴。另外,还要厘清南水北

① 谷健全等:《深刻理解南水北调工程建设中的精神意蕴》,《河南日报》2020年3月20日,第7版。

调精神与其上位概念的社会心理和社会意识形态概念的关系,即南水北调精神概念究竟属于社会心理范畴还是属于社会意识形态范畴,搞清楚南水北调精神的属种关系对于准确提炼南水北调精神具有基础性的规范作用。

(一) 南水北调的精神概念属于民族精神范畴还是属于时代精神范畴

要搞清楚南水北调精神概念究竟属于民族精神范畴还是属于时代精神范畴,首先必须从概念上搞清楚何谓民族精神,何谓时代精神。而在搞清楚民族精神和时代精神这一对概念之前,尚且需要把握其中更为基础性的元概念"精神"概念的含义。学术界在相关研究中对"精神"的理解有广义和狭义两种理解。一是认为精神概念就是指相对于物质的一切意识领域中的现象,包括各种心理、思维、观念、学说、理论、认识等等。研究民族精神和时代精神就是从广义的精神概念上去把握。二是认为对精神概念应作狭义理解,它专指一切意识现象中处于核心地位的而又相对稳定的成为民族精神支柱的社会心理层面,不能泛指一切精神现象。对"精神"含义理解的不同直接导致在给民族精神与时代精神下定义时,均有广义与狭义两种不同的界定。客观地说,无论是研究民族精神、还是时代精神,从广义与狭义的"精神"立论各有优劣,但是从狭义的精神概念出发更能概括积极、进步的民族精神与时代精神,更有助于振奋精神,激励广大民众。因此,以狭义的"精神"为出发点和立足点研究和界定民族精神和时代精神更有时代意义。

何谓民族精神? 从词源学意义上追溯,民族精神一词产生于近代,因为民族、民族国家等都是近代才产生的政治事务。汉语中的民族精神是一个外来词,是在 19 世纪与 20 世纪之交从日文引进并普遍使用的。就如何界定民族精神学术界并不一致。有学者概括了十种有代表性的界定,包括"文化结晶说""精神特质说""文化心理说""张力指向说""知行规律说""融合统一说""心态特征说""环境挑战说""共同价值说"和"精神活力说"。① 但学界所能够达成共识的是,对民族精神的界定有广义和狭义之分。广义的民族精神就是表现于共同文化中的民族共同心理素质,狭义的民族精神专指广义民族精神中的积极进步的方面,即共同的民族心理素质的积极方面。

对于"时代精神"概念的内涵,至今没有统一的权威界定。不仅学界缺乏共识,党的文献中也没有明确,只确定了时代精神的核心是"改革创新",其他相关内容则没有明确表述。之所以对什么是"时代精神"尚未统一界定,其主要原因在于,相对于民族精神的研究而言,学界对时代精神的研究较少。长期以来,学界注重对于民族精神的研究,而相对忽视对于时代精神的研究。尽管时代精神的提法早已有之,但从中国知网搜索研究时代精神概念界定的学术文章却屈指可数。从党和政府的文献来看,2006 年 10 月党的十六届六中全会的《中共中央关于构建社会主义和谐社会若干重大问题的决定》首次提出"以爱国主义为核心的民族精神和以改革创新为核心的时代精神"在社会主义核心价值体系中处于精髓的重要地位。2007 年党的十七大再次提出"以改革创新为核心的时代精神"。之后,学界围绕时代精神的基本内涵、基本特征及其当代价值、弘扬和培育的基本途径,及其与民族精神的关系等方面展开研究。

关于时代精神的概念界定,杨德平强调,不宜说时代精神是一个时代人们共同的社会心理或者说其属于社会心理层面。社会心理作为低层次的社会意识,既有正确的反映,也有歪曲的反映,既

---

① 宇文利:《民族精神概念的使用与界定》,《红旗文稿》2005 年第 12 期。

可以是进步的，又可以是落后的。而时代精神是对代表历史前进方向的时代文明本质的正确反映，单纯具有进步性。此外，不宜说时代精神是某种思想体系。作为站在思想体系背后的东西，它渗透、贯穿于思想体系之中，但毕竟又不同于这些思想体系，不具有思想体系那样严密的逻辑性，体系的完整性。①

　　方立天认为，时代精神也有广、狭二义之分，广义的时代精神是指特定时代的各种思想、原则；狭义的时代精神是指特定时代的进步精神，即体现时代前进的思想、原则。可以说，广、狭二义的时代精神分别是广狭二义的民族精神的时代表现；广狭二义的民族精神分别是广狭二义的时代精神的积累。②

　　赵智奎指出所谓时代精神，是关于时代的哲学反映，是从哲学上对时代的经济、政治、文化观念、意识的抽象、反映、概括。并由此认为，民族精神、时代精神、哲学三者之间都是紧密相连的。首先。民族精神、时代精神、哲学都是理论思维的产物，三者作为理论思维的产物，性质是一致的。其次，民族精神、时代精神、哲学也是时代的产物。③

　　黄岩概括了四类对时代精神概念的界定：一是从实践的角度，认为时代精神是一个在社会最新的创造性实践中孕育和激发出来的、反映社会进步的方向、引领时代进步的潮流、为社会成员所普遍认同和接受的思想观念、道德规范、行为准则和价值取向，是一个社会最新的精神气质、精神风貌和社会时尚的综合体；二是

① 杨德平、李娜：《时代精神的界定与当今中国的时代精神》，《中国人民大学学报》1999 年第 5 期。

② 方立天：《民族精神的界定与中华民族精神的内涵》，《哲学研究》1991 年第 5 期。

③ 赵智奎：《略论民族精神、中华民族精神与时代精神》，"中国少数民族哲学及社会思想史学会会议论文集"，邓小平理论与民族地区发展研讨会暨中国少数民族哲学及社会思想史学会 2004 年年会论文。

从个人与集体的关系上,认为时代精神是一个时代大多数人的精神;三是从社会存在和社会意识的辩证关系上,认为时代精神是体现于社会精神生活各个领域的历史时代的客观本质及其发展趋势;四是从历史追求的角度,认为时代精神是一个民族在特定时代中的特殊追求,以及在追求中激发出来的、有助于实现追求目标的精神力量和实践活动。[①]

从研究方法论角度可见,国内学界对时代精神的界定存在两种路径:一是从哲学入手,以马克思的经典论述"任何真正的哲学都是自己时代的精神上的精华"为依据,将哲学视为时代精神。二是从民族精神入手,将时代精神视为是民族精神的时代性体现,是民族精神在不同时期的体现。显然,就时代精神作为民族精神在新时代的体现而论,南水北调精神属于时代精神范畴,同时也属于现代意义上的民族精神。

(二) 南水北调精神概念是否属于中国精神

研究南水北调精神概念的隶属,还必须考虑的一个重要问题是,南水北调精神概念与中国精神的隶属关系问题。二者是互不隶属还是存在一定的隶属关系,有待进一步考察。

首先要辨析的是中国精神与国家精神这两个概念之间的关系,以及中国精神与民族精神与时代精神之间的概念关系。就中国精神与国家精神的概念关系而言,中国精神无疑就是一种国家精神。中国之所以成其为中国,除了具备主权、土地、人口、政府等客观要素之外,深层次的主观因素在于具有很强的中国精神。在全球化席卷而来的今天,各民族国家尽管在器物层面变得越来越千篇一律,但是其国家精神仍形态各异。中国精神是将中国和世

---

① 黄岩:《时代精神研究综述》,《探索》2008 年第 6 期。

界上其他民族国家区分开来的精神符号，是新时代中国最鲜明的精神标识，是指导中华民族伟大复兴的精神旗帜。

其次就中国精神与民族精神和时代精神之间的概念关系而论，"中国精神"是民族精神和时代精神的结合。在 2013 年 3 月全国人大十二届一次会议重要讲话中，习近平总书记第一次提出"中国精神"概念并界定了中国精神的内涵，即以爱国主义为核心的民族精神和以改革创新为核心的时代精神。之后学界及时跟进，以习近平总书记原有论述为依据，围绕民族精神、时代精神与中国精神三者关系开展进一步研究。有学者指出以爱国主义为核心的民族精神和以改革创新为核心的时代精神是从历史性来对中国精神内涵进行概括和提升，实质上民族精神和时代精神具有贯通性和内在统一性，是一个历时性与共时性相统一的概念，正是中华民族具有如此的民族精神，才以如此的时代精神体现当代中国精神的内涵。①

搞清楚了中国精神与国家精神、民族精神与时代精神等概念之间的关系后，南水北调精神和中国精神这两个概念之间的隶属关系问题可迎刃而解。由于中国精神涵盖民族精神和时代精神二者，而南水北调精神又属于时代精神范畴，所以南水北调精神概念就自然属于中国精神范畴。因此，南水北调精神是一种"中国精神"，界定、提炼南水北调精神必须在中国精神的框架内进行，即在以爱国主义为核心的民族精神和以改革创新为核心的时代精神的框架内进行。中国精神兼有历史向度和现实向度，而民族精神和时代精神分别是这两个向度的体现。其中的民族精神在不同的历史时期总是具有特殊的表现形式，即总要通过一系列的时代精神

---

① 余双好：《习近平关于中国精神重要论述的现实意义》，《马克思主义理论学科研究》2019 年第 2 期。

的具体表现来展现其自身。新时代,是中国实现两个百年奋斗目标的时代,创造精神、奋斗精神、团结精神、梦想精神是该时代的主流,而蕴含创造创新精神、团结奋斗精神和世纪梦想精神的南水北调精神也自然是新时代的时代精神。

(三) 南水北调精神概念属于社会心理范畴还是属于社会意识形态范畴

要搞清楚这一问题,仍坚持概念分析法,先搞清楚精神与其上位概念社会意识范畴的关系。在马克思主义哲学史上,马克思和恩格斯两位伟大导师都没有对"社会心理"概念进行明确界定。普列汉诺夫第一次把社会意识分为社会心理与社会意识形态。其中,社会心理指人们日常的没有经过理论加工和系统概括的朴素的自发的意识,是一定时期特定的民族、阶级、阶层或社会集团中普遍流行的精神状态。它是一种社会意识,是社会存在最直接的反映,是支配人们行为的动因之一,是连接社会存在和社会意识的中介。作为一个历史范畴,社会心理的生成受到生产方式、物质利益等多种因素的影响。这些因素又使社会心理在现实社会生活中具体表现为时代精神、民族心理、阶级、阶层心理、职业心理和社会思潮等诸多类型,而在社会心理诸形态中,民族精神是一种最稳固、最持久、最强烈的社会心理。社会心理和意识形态的区分在于前者是自发的浅层次的感性认识,后者则是自觉的系统化的理论概括。然而二者又是辩证统一的,借用布哈林的比喻,社会心理是意识形态的一种贮水池,"意识形态就是社会心理的结晶体"。社会存在如生产力、生产关系等等,并不首先反映并形成社会意识形态,而是首先反映为社会心理,凡是社会意识形态都是在社会心理的基础上总结和升华上去而成为一种思想体系和理论体系。所以,普列汉诺夫指出:"一切思想体系都有一个共同的根源,即某一时代的心理。"①普列汉诺夫既强调了社会心理的阶级性、阶层性和职业性,即不同的阶级、阶层和从事不同职业活动的人都各自有不同的社会心理,又指出了社会心理又存在着非阶级性的一面,即特定时代的民族国家和地区中,由于人们有着共同生活的社会历史条件所形成的共同的民族心理素质。这种共同民族心理素质,称为"民族性"或"民族精神"。

依据普列汉诺夫的社会心理理论,显然民族精神属于社会意识的社会心理层面,而不属于意识形态层面。时代精神又是民族精神的时代体现,所以也属于社会心理层面。如前所述,南水北调精神属于时代精神层面,所以,南水北调精神当然也属于社会心理范畴,而不属于社会意识形态范畴。这意味着南水北调精神所反映的是南水北调工程建设实践中相关群体的自发的积极的心理状态,而不是成形的、理论化、系统化的主流意识形态。因此,就可以检视出一些研究者关于南水北调精神的提炼所存在的问题,如将关于南水北调精神中河南移民工作精神概括为"立党为公,执政为民,忠诚奉献,大爱报国",这一提炼显然是从意识形态角度而不是社会心理角度进行的,其方法论问题就在于混淆了南水北调精神概念与社会心理概念的属种关系。

总之,南水北调精神,就其社会意识状态而言,属于社会心理的范畴。这种社会心理,以其民族心理的面目集中表现中国共产党人和广大人民群众的情感和信念、精神风貌。从学科归属角度,对南水北调精神的研究应属于社会心理学的学科范畴,应从这种非理性的社会心理角度而不是从理性的意识形态角度对作为时代精神的南水北调精神进行提炼和表述,具体表述要充分体现中国

---

① 普列汉诺夫:《普列汉诺夫哲学著作选集》第 3 卷,生活・读书・新知三联书店 1962 年版,第 196 页。

共产党人和广大人民群众的情感和信念、精神风貌、意志、品质等方面。尽管关于南水北调精神的提炼和表述是专家学者们自觉进行细致的整理、提炼、加工而成的精神产品,具有很强的理性色彩,但所加工的原材料则是在南水北调工程实践中产生的,未经雕琢和加工,也没有上升到理性高度,主要散落在广大人民群众身上的精神财富。

(四) 南水北调精神概念是否属于水利精神

在对南水北调精神进行提炼时,还要考虑南水北调精神与水利精神的属种关系。既然南水北调工程属于水利工程,那么南水北调精神也就属于水利精神。而水利行业对水利精神的提炼由来已久并先后进行两次权威界定。第一次是在 1999 年,水利部党组首次将"献身、负责、求实"确定为水利行业精神。[1] 2007 年时任水利部党组书记、部长陈雷在全国水利精神文明建设工作会议上对"献身、负责、求实"的水利行业精神进行过具体阐述:献身就是水利人要积极倡导献身事业、服务人民、报效祖国的胸怀、情操和精神;负责就是水利人要积极倡导对国家、对人民、对历史高度负责的态度;求实就是水利人要积极倡导实事求是、求真务实的工作作风。第二次界定是 20 年之后。2019 年 2 月 13 日,《水利部关于印发新时代水利精神的通知》发布,要求全国水利系统抓好贯彻落实,文件明确新时代水利精神表述语:"忠诚、干净、担当,科学、求实、创新",并作出权威诠释。其中"忠诚、干净、担当"是做人层面的倡导,"科学、求实、创新"则是做事层面的倡导。[2] 上述水利精

---

[1] 童利忠、汪维龙、刘志中:《试论献身、负责、求实的水利行业精神》,《江苏水利》1999年第 10 期。

[2] 《水利部关于印发新时代水利精神的通知》,2019 年 2 月,中华人民共和国水利部网 (http://www.mwr.gov.cn/zw/tzgg/tzgs/201902/t20190215_1107987.html)。

神的表述局限性在于强调了这一工程精神的职业性，忽视了其所蕴含的普遍性、共同性精神。当前对南水北调精神的提炼，如何参照、借鉴既有的水利精神的表述是一个值得重视的问题。

三、强化南水北调精神内涵的提炼方法

当前关于南水北调精神的内涵提炼大致有三种代表性观点。第一种表述"负责、务实、求精、创新"。① 第二种表述是"大国统筹，人民至上，创新求精，奉献担当"。② 第三种表述是"人民至上、协作共享的国家精神，艰苦奋斗、创新求精的工程建设精神，顾全大局、爱国奉献的移民精神，忠诚担当、攻坚克难的移民工作精神。"③

（一）三种表述的方法论探索

第一种表述的方法论探索。第一种提炼的问题在于仅仅体现南水北调工程的建设精神，既没有涉及南水北调决策环节，也没有将南水北调移民等维度涵盖在内。第二种和第三种提炼则相对全面一些，既涵盖南水北调工程和决策环节，又包括工程建设和移民工作全过程，从时间上实现了全覆盖。然而从方法论角度，后两种提炼和表述还是存在一些不容回避的问题。

第二种和第三种提炼的方法论探索。第一，缺乏特色。任何一种精神的表述，都必须有其鲜明的特色。所谓特色鲜明，就是要提炼出南水北调精神的最本质特征，不能将之与红旗渠精神、三峡

---

① 程殿龙：《南水北调精神大家谈》，中国水利水电出版社 2013 年版，第 5 页。
② 刘道兴：《南水北调精神初探》，人民出版社 2017 年版，第 235 页。
③ 吕挺琳：《民族精神的传承和时代精神的熔铸——南水北调精神初探》，《领导科学》2018 年第 15 期。

精神等混同。譬如有学者把"大国统筹"作为南水北调精神,就是缺乏鲜明特色的表现。因为举国体制是一个古已有之的中国重要治理体制和治理特色。从古代政府治理史看,治水是中国历代政府治理的一件大事。曾经有国外学者称古代中国社会为"水利社会",认为作为农业社会的水利工程作用十分重要,水利直接涉及到国家富强问题,因此,几乎每个朝代都有大兴水利工程的记录。在自给自足的小农经济中,水利必须由政府来组织建设,治水和治国紧密相连,从来都是政治问题,是事关政府统治的合法性问题。当下中国,兴建水利等大型工程建设也还是中国政府的重要公共管理职能之一。诸如三峡工程、青藏铁路等超大型工程都是在大国统筹下进行的。所以,大国统筹这一表述所体现的是共性的东西,显然不能体现南水北调精神独具的个性特征。

再如,当前研究者对南水北调移民精神的提炼未能与三峡移民精神等其他精神明显地区别开来。当前对南水北调移民精神的概括有"顾全大局、爱国奉献"或"大爱报国、无私奉献"等诸如此类的表述,这些提法很难与已经概括出来的三峡移民精神"顾全大局的爱国精神、舍己为公的奉献精神、万众一心的协作精神、艰苦创业的拼搏精神"等区别开来。因此,如何体现南水北调精神所突出表现的个性特征,是南水北调精神提炼表述中的核心问题,当然也是难点问题。

第二,精神与机制不分。大国统筹、举国体制更多是一种体制、机制,属于社会存在层面,而精神属于社会意识层面,诚然体制、机制蕴含着社会意识但不等于社会意识本身,把大国统筹作为南水北调精神则是错把机制作精神,把客观的东西当成主观的东西。另外,即使可以用大国统筹指称我国的政治体制机制,但仍不准确,因为自新中国成立以来我国的政治体制一直实行的是党政合一体制,其中党是领导一切的。而大国统筹一词则不足以体现中国政治架构中党政统筹的特色。总之,对南水北调移民精神的提炼是一项十分严谨细致的工作,其表述需要经得起推敲,不容许有明显的逻辑问题。

第三,南水北调精神表述的外延不清。就概念的外延而言,南水北调精神具体包括哪些精神,仍未达成共识。所谓社会存在决定社会意识,南水北调精神以南水北调工程为载体,而南水北调工程是在具体的时空中进行的。为此,要准确把握南水北调精神,就必须要确定南水北调精神赖以形成的时空范围。就时间而论,南水北调工程从何时算起? 是从决策之日开始、从论证之日开始还是从破土动工之日开始? 如果从决策之日算起,那么几代领导人的理性决策、众多专家学者的长达50年的民主、科学论证与争鸣等过程都应被纳入南水北调精神概括范围,而不仅仅只强调实践层面的水资源调配工程建设过程。就空间而言,南水北调工程包括东、中、西三线工程,其中西线还未投入建设,故而主要包括东线和中线的工程建设实践,此外还包括东线和中线移民工作、水质保护工作、生态涵养工作等等。上述关于南水北调精神的第一种提法即把南水北调精神概括为"负责、务实、求精、创新",其方法论原因就在于时空界定不清。同样,有部分研究者之所以有意无意地把南水北调移民精神等同于南水北调精神,同样是因为对南水北调精神概念的外延认知不清,对南水北调精神概念形成的时空没有明确界定所致。

总之,由于方法论层面的问题,直接造成相关研究者对于南水北调精神的内涵提炼存在着缺乏特色、不够严谨、外延不清等问题,因此,对南水北调精神的内涵提炼工作尚未大功告成,仍需集思广益,反复推敲,从长计议。

（二）强化南水北调精神的提炼方法

当前南水北调精神提炼中尚存在一些方法论偏颇，这些方法论层面的问题严重影响了对南水北调精神的科学提炼和研究推进，要推进南水北调精神的研究就必须正视上述问题，拓展南水北调精神的研究方法。

1. 在内容提炼方面坚持特色鲜明，外延清晰，表述严谨等原则

首先，坚持特色鲜明的原则。所谓内容提炼方面坚持特色鲜明的原则包括两方面内涵，一方面要坚持表述内容上的特色鲜明，意指任何一种精神形态总有一些体现其特点与时代特色的地方，并因而具有典型意义和重要价值。另一方面要坚持表述形式上的特色鲜明。在古往今来各种类型的精神提炼史中，不乏形神俱佳的经典表达，非常值得当前南水北调精神的提炼工作以之作为重要参考。诸如传统儒家提出的"仁、义、礼、智、信""温、良、恭、俭、让"等单字型表达，关于北京精神的"爱国、创新、包容、厚德"等双字型表达，关于长沙精神的"心忧天下　敢为人先"等四字型表达，以及西藏精神的"特别能吃苦、特别能战斗、特别能忍耐、特别能团结、特别能奉献"等五字长句型表达等都堪称典范。[①] 在南水北调精神提炼中，要认真研究和善于借鉴前人的成功经验，精心研究，力求后来居上，做到特色鲜明，彰显出不可替代的个性魅力。

其次，坚持外延清晰的原则。要科学地把握南水北调精神的外延，其前提是把握南水北调工程的时空范围。就时间而论，南水北调工程应该从决策之日算起，数代领导人的理性决策、众多专家学者长达 50 年的民主、科学论证与争鸣等过程都应被纳入南水北

---

① 朱有志：《提炼省市精神的六大原则》，《光明日报》2012 年 3 月 24 日，第 7 版。

调工程精神的概括范围，而不仅仅只强调实践层面的水资源调配工程建设过程。就空间而言，南水北调工程不仅包括东、中、西三线工程的工程建设实践，此外还包括东线和中线移民工作、水质保护工作、生态涵养工作等等。所以，南水北调精神是一个由一系列精神构成的精神体系，具体应该包括民主与决策过程中体现的决策精神、工程实践中所体现的工程精神、几十万移民过程中体现的移民精神，以及水质保护和生态涵养所体现的生态精神等，而在当前关于南水北调精神的概括中，有的论述者把南水北调精神表述为"负责、务实、求精、创新"，这种表述完全基于南水北调工程本身，故而仅仅涉及工程精神，显然把南水北调精神外延极大地窄化了。而关于南水北调精神的第二种表述是"大国统筹，人民至上，创新求精，奉献担当"和第三种表述"人民至上、协作共享的国家精神，艰苦奋斗、创新求精的工程建设精神，顾全大局、爱国奉献的移民精神，忠诚担当、攻坚克难的移民工作精神"则相对全面一些，囊括了其中包含的决策精神、工程精神、移民精神等，但外延仍然失之过窄，因为后两种表述均没有涵盖其中的生态精神。所以，从外延上，南水北调精神表述工作要求涵盖至少四种精神形态，即决策精神、工程精神、移民精神和生态精神。

最后，内容提炼要做到表述严谨。表述严谨是任何一种精神提炼的基本要求，自然也是南水北调精神提炼工作的基本要求。表述不严谨即意味着提炼工作的不成功。如何做到表述严谨，首先需要思维严谨。由于语言表述的严谨是思维严谨的表现，要做到表述严谨首先要求思维严谨。思维严谨指思考问题时要严格遵守逻辑规则，做到概念清晰、判断正确、推理有据。为此要求，第一，准确地理解所用概念的含义，这是思维严谨性的重要标志。如前所述，有研究者用大国统筹表述南水北调精神，机制与精神不分，就是未能准确理解"大国统筹"概念的含义。第二，推理有据。

严密推理是思维严谨性的核心要求,就是推理的每一步都要有根据,要符合逻辑要求。第三,思考全面缜密。如:用大国统筹指称我国的政治体制机制就不太准确,大国统筹未能准确反映我国政治制度中中国共产党的领导这一最本质的特征。

2. 在内涵概括方面坚持尊重历史,引领时代,彰显价值,群众认同,通俗易懂等原则

第一,"尊重历史"即坚持逻辑与历史相统一的原则。做好对南水北调的基础性历史研究,增强历史厚重感,坚持论从史出。所谓历史,既是指认识对象本身的发展史,又指对认识对象认识过程的发展史。所谓逻辑,则是指理性思维以概念、范畴等思维形式所构建的理论体系。历史和逻辑之所以能够统一是因为历史是现实的人的活动的历史,逻辑是现实的人的思维。历史和逻辑相统一的原则要求主观的逻辑要以客观的历史为基础和内容,逻辑是历史的理论再现。恩格斯说:"历史从哪里开始,思想进程也应当从哪里开始。"①但是,逻辑与历史的统一是一种辩证的统一,并不是无差别的绝对的统一。逻辑反映历史,是抛弃了历史发展中大量非本质的偶然的东西,集中反映历史发展的本质的、必然的东西,从而形成理论体系。在南水北调精神的概括中坚持逻辑与历史相统一的原则,就是要加强南水北调决策史的梳理与总结,加强南水北调工程历史的梳理与总结,加强南水北调工程移民史的梳理与总结。南水北调决策是南水北调工程的初始,加强南水北调决策史的梳理与总结,有助于反映中国共产党人对社会主义现代化建设规律的自觉认识和把握。而大规模移民是南水北调工程建设中极为重要同时也极为复杂的一环,梳理和总结南水北调移民史能够有助于生动、立体、全面地阐释南水北调精神。而南水北调精神

---

① 《马克思恩格斯选集》第 2 卷,人民出版社 2012 年版,第 14 页。

与南水北调史实具有同构性,南水北调故事叙述所蕴含的思想导向直接决定南水北调精神的内涵。

第二,"引领时代"就是关于南水北调精神的提炼工作要服务于新时代的伟大事业和伟大梦想。关于南水北调精神的提炼工作不单纯是为了研究而研究,而是要服务于新时代的伟大事业和伟大梦想,是与时代特征和现实需求有机结合。因此,要使南水北调精神永不褪色,必然要使其与时代特征相结合,使之能够成为引领时代主题与精神的重要导向。而就国内形势而言,"强起来"是新时代的特质和内涵,而通过弘扬南水北调精神汲取精神力量无疑是实现从站起来、富起来到强起来伟大飞跃的有力手段。就国际局势而言,当今世界正处在百年未有之大变局中,虽然和平与发展仍然是时代的主题,但世界的不确定性在增加,世界向何处去,人类向何处去正成为世界发展之问,成为人类发展之问。在全球化时代,中国的前途命运日益紧密地同整个世界的命运、全人类的命运联系在一起。为此,中国必须善于从国际形势发展变化中把握发展机遇,应对各种外来的风险与挑战。而通过弘扬南水北调精神汲取力量,传承民族精神,增强民族凝聚力,正是中华民族生存与发展的内在动力,是应对各种时代挑战,立于不败之地的强大精神支撑。

第三,"彰显价值"就是要彰显社会主义核心价值观。就南水北调精神与社会主义核心价值观的关系而言,社会主义核心价值观是南水北调精神的价值原则和价值目标。社会主义核心价值观则是中国特色社会主义意识形态的本质体现,是统领党和国家思想道德领域的行动标准与行为指南,每一位公民都需要遵从、彰显和践行核心价值观。社会主义核心价值观是当代社会的主流价值观,也是南水北调精神的方向路标。南水北调精神则是弘扬、践行社会主义核心价值观的平台载体。提炼南水北调精神本身就是培育和践行社会主义核心价值观的具体体现和生动实践，是建设社会主义核心价值体系的重要内容，是推动社会主义核心价值观落地生根的重要环节。党的十九大报告指出，要以培养担当民族复兴大任的时代新人为着眼点，把社会主义核心价值观融入社会发展各方面，转化为人们的情感认同和行为习惯。这为我们培育南水北调精神提供了根本指引。培植社会主义核心价值观建设是中国特色社会主义文化建设的重中之重。南水北调精神提炼活动作为文化建设的重要环节，必须把社会主义核心价值观作为根本价值导向，在提炼出的表述语中充分体现其价值内涵，实现南水北调精神与社会主义核心价值观的有机衔接。

第四，"群众认同"就是要得到绝大多数人民群众的认同与接受。学者通过理论思维所抽象加工的南水北调精神不仅要得到学界的广泛认同，更要得到绝大多数人民群众的认同与接受，并能够引导社会各界全面准确地了解南水北调工程、加深对南水北调工程的认同。为此，首先要总结已有的研究成果，凝聚共识。其次，除了专门的学术研讨会之外，还可以召开一系列各界别、各类型、各层次、各地域的座谈会，面向社会举办"南水北调精神"征集活动，切实把广大人民群众的智慧和力量凝聚起来。总之，要深化研究提炼，找到最大公约数，画出最大同心圆，最大限度地凝聚共识。

第五，"通俗易记"就是要实现南水北调精神的大众化。南水北调精神的大众化，就是使南水北调精神全方位地走进人民群众的世俗生活，契合人民群众心灵世界，成为人民群众精神素养的重要组成部分。而关于南水北调精神提炼的通俗易记与否，直接决定南水北调精神大众化的成败。如何做到通俗易记，首先，心中要有大众。须知南水北调精神的传播是面向大众的，故此进行概括时心中要有大众，要意识到是讲给他们听的。而大众以普通的工人、农民、市民为主,为此必须要了解、反映和符合大众的表达需求,要有群众基础,为此须使用浅显、平易、朴实的词语,尽量少用专业术语,更不可咬文嚼字,故作高深,否则大众不接受,不认同。其次,尽量运用熟语,熟语可以使人过目不忘。当然,南水北调精神的提炼固然要求通俗易懂,但并不拒绝文采,力求调动一切语言技巧,如逻辑技巧、修辞技巧,以增强词语的生动性和形象性,另外还必须契合音律学、音韵学,讲究音韵,读起来要豪放大气,顺口悦耳,朗朗上口,易传易诵。总之,南水北调精神的表述语要表意准确、简洁明了、响亮得体,便于理解、识别、记忆和传播。

南水北调工程是缓解我国华北平原地下水超采,解决我国北方地区水资源严重短缺,保障水资源安全的重大战略性工程。这项工程也关系到我国经济社会的可持续发展。从 20 世纪 50 年代初提出"南水北调"的设想至今,经过半个世纪的论证和研究,最终形成了南水北调东线、中线、西线与长江、淮河、黄河和海河四大江河相互联系的"四横三纵"的工程整体布局。南水北调工程作为当今世界规模最宏大、体系最复杂、时间跨度最长、工程线路最长、移民强度最大、供水规模最大、受益人口最多的水利工程,是举世瞩目的"世纪工程"。南水北调作为国家级重大战略工程的意义,除了物质层面,还包括其所蕴含的文化成果、精神成果。随南水北调工程实践所孕育产生的南水北调精神,与伟大的南水北调工程一样,具有超越时空的永恒价值。南水北调精神是在南水北调工程的论证规划、决策、建设、运行和维护中所孕育形成的伟大精神。南水北调精神是一种合力,是立体的,每个群体、每个角色在南水北调精神的形成中不可或缺。按照其生成的内在逻辑,可以将南水北调精神的基本内涵概括为:"艰苦奋斗、舍家为国、精益求精、和谐共生"。

第一节　艰 苦 奋 斗

　　2014年12月，习近平总书记对南水北调中线一期工程通水作出重要指示："南水北调工程是实现我国水资源优化配置、促进经济社会可持续发展、保障和改善民生的重大战略性基础设施。经过几十万建设大军的艰苦奋斗，南水北调工程实现了中线一期工程正式通水，标志着东、中线一期工程建设目标全面实现。这是我国改革开放和社会主义现代化建设的一件大事，成果来之不易。"①南水北调这样的大型水利工程，既需要前期艰苦卓绝的实地探索，又需要广大工作者在建设过程中发扬艰苦奋斗的精神。只有这样，才能保障此项工程的顺利实施及运行。南水北调精神，是中国共产党在推进科学发展、增进人民福祉而兴建南水北调工程的过程中形成的伟大时代精神。艰苦奋斗作为南水北调精神的重要内涵之一，具体体现在考察论证不畏艰辛、工程建设攻坚克难及移民工作不辞辛苦。

一、考察论证不畏艰辛

　　南水北调工程是国家的战略性工程，必须经过前期充分的调研勘测及考察。只有这样，才能确保工程工作的顺利开展。在上至党中央、国务院、国家计委、国家南水北调办公室、水利部、长江委，下至东线、中线7省市各级党委、政府，以及一大批国家水利、

---

① 李姿阅、杨世尧：《习近平就南水北调中线一期工程正式通水作出重要指示要求》，《人民日报》2014年12月13日，第1版。

经济、环保、生态、文物等各路专家的协力合作下展开了一波又一波的调研考察。

1952 年 10 月，毛泽东亲临黄河视察，听取了治理黄河的工作汇报。在此之后，专业的水利工程人员陆续开展勘测考察工作。第一次黄河河源的踏勘考察，是水利工程人员首次踏上人迹罕至的雪域高原，因此考察工作进行得十分艰难。从那之后，为了实现从长江上游调水的设想，几代水利工程技术人员在之后的半个多世纪，先后 30 多次深入这片不毛之地，进行了详细的踏勘工作，获得了水文、地形、气象等基础资料。

1958 年，黄河水利委员会派出以郝步荣为队长的 18 人引江济黄勘查队，从郑州出发到成都，之后从康定开始查勘，8 月完成金沙江调水的查勘任务后返回成都。之后查勘队又从成都返回雅砻江、大渡河继续进行查勘。在交通十分不便的情况下，前后历时 5 个月，行程 1600 公里，查勘队克服了困难，完成了勘查工作。

1959 至 1961 年，中科院、水电部牵头成立的中国西部南水北调引水地区综合考察队，进行野外考察和室内分析研究工作，由科研部门、生产部门、教学部门等 20 多个单位组成，设有 9 个学科组。在总队长郭敬辉的带领下，工作队 200 多人对引水区内自然条件、自然资源、经济状况进行了概括性调查，对引水线路的工程地质条件进行了初步勘测。1960 年，综合考察队又组织了 480 人的工作队，继续进行考察。

1978 年，黄河水利委员会根据水电部指示，又组织了南水北调查勘队，总结经验，重点对通天河、雅砻江、大渡河部分地区进行查勘，此次查勘了由通天河至黄河河源地区的三条引水线路。同时，还对扎陵、鄂陵两湖进行水下地形测量，提出利用两湖水资源进行调水的设想。此外，东线、中线 7 省市各级党委、政府，以及一大批专家对南水北调工程也进行了大量的考察，为南水北调工程的顺利推进作出了充分的前期准备。

南水北调工程的查勘工作进行得十分艰苦，查勘地处野外，人迹罕至，地形复杂，加上交通落后等，工作队数百人，常一连工作数月，其生活及医疗卫生却得不到充分的保障。查勘工作队员的衣服常数日不能更换，生病也只能用随身携带的药物稍作治疗。但是，为了工程能够顺利实施，工作队员们不畏艰辛、不辞辛苦地坚决完成勘察任务，为南水北调工程的规划提供了有力的支撑。

二、工程建设攻坚克难

南水北调工程跨越南北，覆盖范围广。在打通南北的过程中，遇到多项施工艰难的工程，但广大建设者们攻坚克难，解决了一个又一个难题。这些困难既包括自然环境的困难，又包括技术层面的难题。

新中国成立后不久，以毛泽东为核心的党的第一代中央领导集体从全心全意为人民谋利益出发，为了根治汉江水患，决定建造丹江口水利枢纽工程。此项工程是新中国第一个五年计划重点建设项目之一，也是国家南水北调方案的重要组成部分。它的建成，具有防洪、发电、灌溉、航运、水产养殖等综合效益。不过，在建设的过程中，却需要建设者不辞辛苦，不断地攻克工程建设中遇到的难题。

在 1958 至 1973 年丹江口水库的建设过程中，湖北、河南两省10 万余名建设者会战丹江口。他们喊出"丹江不北流，誓死不回头"的口号，自带简陋的生活用品，"喝着泥巴水，吃着红薯干，点着煤油灯，住着油毛毡"，风餐露宿，肩挑手扛，艰苦奋斗。没有风钻和电铲，就用人工凿炮眼，手镐挖土方；没有运输设备，就人抬肩扛。从开工到截流，克服设备简陋、生活艰苦、环境恶劣等不利因素，工程建设大军发扬一不怕苦、二不怕死的英雄气概和坚韧不拔的毅力,采用人海战术,以冲天的干劲,只用了不到 16 个月的时间,实现了丹江口工程截流蓄水,创造了我国大型水利工程建设史上的奇迹。[①]

除丹江口水库外,作为南水北调的控制性工程之一的渠首大坝,素有"天下第一闸"的美誉,该大坝于 1974 年建成通水。水闸主要包括库区引渠、渠首闸、输水总干渠、下洼枢纽和清泉沟泵站五个部分。工程建设处于"文革"中期,人民温饱尚未解决,物质条件极其匮乏,机械设备简陋,施工条件简单,整个工程都靠车拉人挑的人海战术来完成。在困难面前,建设者们没有退缩,坚持土洋结合,以土为主,不断创新实践,研制出"土爬坡器""机械爬坡器""高级爬坡器""踏板飞车"等劳动工具,提高了工效。据《工程志》记述,六年间共有 141 名工程建设者献出了宝贵生命,2880 人受伤致残。[②]

另一具有高强难度的是穿黄工程。黄河是一条地上悬河,自古奔流不息。南水北调工程要贯穿黄河南北,不能架设渡槽。南水北调工程聚集专家、学者、技术人员,反复商讨,以创新性思维设计出地下穿越的施工方案。施工方案确定后,建设者还需在施工过程中解决遇到的难题。穿黄工程是在黄河下面 30—50 米的地方挖掘出两条内径 9 米、长 4250 米的输水隧洞,在饱和水位下实施埋深最大的一次大断面手术,堪称为最具技术难度的"咽喉工程",也是人类历史上最宏大的穿越江河工程,国内外均属先例。[③] 其建设的

① 中共南阳市委组织部,南水北调干部学院:《历史的见证》,中央文献出版社 2015 年版,第 439—441 页。

② 欧阳彬:《历史的见证——南水北调中线渠首陶岔工程建设回顾》,河南文艺出版社 2014 年版,第 120—121 页。

③ 国务院南水北调工程建设委员会办公室:《南水北调工程知识百问百答》,科学普及出版社 2015 年版,第 72—75 页。

难度体现在两个方面：一是不易施工。地层为含水砂层和粉质黏土，"软土富水"，一旦开挖洞穴，立即就会有地下水渗入并引起洞壁坍塌。二是难以筑牢。经测算，洞内最大水压为50米水柱高，洞外最大水压为40米水柱高，在运行过程中有可能出现衬砌的混凝土开裂，引起内水外渗或外水内渗，从而危及整个工程安全。

经过多次科学论证，专家们最终选定的方案是盾构穿越。然而，由于黄河河床地质条件复杂，工程刚刚开始就出现了问题，盾构机排出来的泥浆中有油管和刀具，还有刀盘上的辅助材料，必须马上检修。此时的刀盘已在隧洞的最前端，在黄河下面的污泥里，上面是相当于30米高水柱的压力。如果从厂家请来工人，周期长、资金需求大，工程施工方当即决定依靠自己的力量进行技术攻关。经过工程人员的艰辛探索，终于找到了切实可行的解决方案。在盾构机掘进的500多天里，工程人员冒着生命危险，顶着巨大的压力，每行进300至500米进仓作业检查一次，前后共计400余次，为盾构机更换牙齿。据统计，工程先后攻克了7项在国内外具有挑战性的技术难题：6.6米超深地连墙施工技术，50.5米超深竖井逆作法施工技术，复合地层大埋深盾构机始发技术，复合地层盾构机长距离掘进姿态控制与导向技术，大埋深盾构机常压进仓修复和带压进仓检修技术，隧洞预应力薄内衬混凝土浇筑与施工控制技术，长距离输水隧洞混凝土开裂及防渗技术。在这个过程中，建设者实现了一项技术创新——专门设计了"退水闸"。其作用包括三点：一是"补水"，当黄河出现旱情，丹江水可以通过退水洞"支援"黄河；二是"退水"，当长江水量过多时，汉江水可以通过退水洞"泄入"黄河；三是"应急检修"，当隧道出现问题时，可以通过退水洞排水检修。

穿黄工程中的穿黄退水洞工程，由于地质条件复杂，开挖难度大，直到2011年，施工几乎无进展。因工程经常出现塌方，工人不敢进洞。很多工人卷着行李离开工地,工人换了一批又一批。有时抢险小组在隧洞里进行塌方事故的抢救,意识不到时间的流逝,一晃几十个小时就过去了。不过,每一次失败后,建设工人都在寻求新的挖掘方案。在了解退水洞土体特性后,中国水电十一局对施工方案重新进行研究与调整。他们在现有降水能力的条件下,对退水洞进口采用敞开式盾构法,出口采用全断面高压注浆超前加固加大管棚超前支护矿山法,使得在"软土富水"条件下建造地下隧洞的难题得以解决。穿黄工程最终完成了自己的使命,将丹江水送过黄河。

　　除工程施工存在相当的困难外,南水北调工程在输水时也存在难题。例如,解决好冰冻期输水问题就是南水北调工程顺利实施的难题。比如:南水北调中线总干渠 1432 千米,南北跨度大,河北、北京、天津渠段存在冬季渠道结冰的问题,干渠结冰以后,势必造成输水能力下降,影响输水计划的执行,如果冰期总干渠运行不当,还可能造成冰塞、冰坝,威胁干渠输水安全。针对冰冻期输水防止断流难题,国内许多科研机构经过大量的科学研究,通过对冰的原型观测及冰水力学数学模型的建立,提出首先要科学预测河流的结冰期,在形成冰盖前,提高渠道水位,通过控制沿线节水闸使渠道尽早形成冰盖,然后调低输水量,采取冰盖下输水;冰盖输水期间要尽可能地保证输水稳定,防止冰盖破坏;当气温回升时,仍要继续控制流量,确保冰盖就地消融而不产生流冰,避免冰塞、冰坝事故的发生。[1] 尽管在施工过程中困难重重,但工程人员仍解决了各个难题。在工程建设中,他们充分展现了不怕苦、不怕难的奋斗精神。

---

[1]　程殿龙:《南水北调工程知识百问百答》,科学普及出版社 2015 年版,第 76—78 页。

三、移民工作呕心沥血

党中央、国务院高度重视南水北调移民工作。2005 年 2 月 19 日,胡锦涛在省部级主要领导干部提高构建社会主义和谐社会能力专题研讨班上发表重要讲话,在谈到做好构建社会主义和谐社会的各项工作时指出：当前要重点解决好在土地征用、城镇拆迁、企业重组改制和破产过程中损害群众利益的问题。① 国务院领导也多次作出重要批示,并召开汇报会、协调会,及时研究解决工程建设中的移民问题。在国务院南水北调工程建设委员会第二次全体会议上,时任国务院总理、国务院南水北调工程建设委员会主任温家宝主持会议并讲话。会议提出了"搬得出、稳得住、能发展"的要求,明确了南水北调移民工作的原则、方向和目标。

南水北调工程的移民工作,具有搬迁规模大、工作强度大及工作压力大的特点。一是搬迁规模大。比如：河南省淅川县作为南水北调工程移民的大县,共要移民 16.2 万人,涉及 11 个乡镇 185 个村,需外迁安置到河南 25 个县(市区)126 个乡镇。淅川县的移民数量已超过小浪底当年移民最多的新安县,也超过了三峡库区农村当年移民人口最多的重庆万州区。可以说,南水北调工程在移民占有量和动迁人口上都位居全国第一。二是工作强度大。淅川县的移民时间为两年,两年搬迁安置 16 万多人,意味着每年要完成 8 万余人的搬迁,平均每天就要搬迁 200 多户。这样大的工作强度在国内乃至世界水利移民史上都是前所未有的。三是工作的压力大。国家对于移民工作的要求是"不伤、不亡、不漏、不掉一人",安全无事故;各级政府严格把关"只能成功、不

---

① 《胡锦涛文选》第 2 卷,人民出版社 2016 年版,第 295 页。

准失败,谁出问题就要挪位子、摘帽子”。移民搬迁工作的严格
要求在历次移民工程中前所未有。移民干部和移民者都承受了
巨大的压力。

为了更好地完成移民搬迁任务,南水北调中线工程主要承担
省份河南省作出了“四年任务、两年基本完成”的决策,由原计划的
2013年提前到2011年完成。与三峡水利工程农村移民37万人,
花了17年时间搬迁,小浪底工程移民14.6万人,用了11年时间
完成搬迁相比,南水北调工程中线移民面临时间紧、任务重的难
题。为了移民迁安的协调督导、统筹运作,作为全省移民迁安“指
挥部”的省南水北调丹江口库区移民安置指挥部办公室的工作人
员,“5+2”“白+黑”成为了常态,加班加点、夜以继日、忘我工作的
景象随处可见。

要在极其短暂的时间内完成数十万移民的安置任务,对于移
民区各级政府和广大移民干部而言,不能有丝毫的懈怠。广大移
民干部自觉践行着“以移民为先,以移民为重”的理念,全心全意地
为移民服务。为了维护和发展移民的利益,移民干部全身心地投
入到移民工作中,“进千家门,排千家忧”,完全把个人的利益、健康
乃至生命置之度外。比如:时任南阳市移民局局长的王玉献连续
几年加班加点,巨大的工作压力让他左耳几乎失聪,听人说话总是
侧着身子。2010年5月,正在开会的王玉献肾结石病突然发作,
痛得满头大汗,但他仍咬牙坚持。直到会议结束后才一个人悄悄
去了医院,做了碎石手术。第二天,王玉献又准时出现在工作现
场。再如:2011年1月,南阳市宛城区高庙乡东湾移民新村支部
书记赵竹林,因工作连轴转,突发脑溢血,倒在移民分地一线,年仅
37岁。

为了不耽误移民工作,移民干部吃住在迁建工地,与移民群众
同甘共苦。比如:按照南水北调中线建管局的总体进度安排,天

津干线在 2005 年初步设计工作进入了攻坚阶段。为完成好任务，吴换营带领项目组成员 80 余人在一起"静地"封闭办公，"与世隔绝"长达 5 个月之久。身体健康状况告急，他强忍着颈椎病、脑部供血不足和神经性皮炎等疾病的折磨，多次在现场晕倒，但他从来不吭声，依然顽强地工作，用不辞艰辛的信念激励着身边的每一个人。

南水北调中线工程丹江口库区的移民搬迁是非自然性移民，并且是让大多数人迁移到既遥远又陌生的地方。到 2009 年规划水平年，外迁人口达到 21 万人。这些库区移民中的许多人又是老移民，有些甚至经历了三四次搬迁。这些移民群众长期处于等待搬迁的不安定状态之中，内心深处既有对故土人情难以割舍的眷恋，又有对未来生活的顾虑与期盼。这些复杂的感情交织在一起，更加剧了移民工作的难度和复杂程度。加上南水北调工程的移民搬迁，是在我国经济社会高速发展、改革攻坚和各种矛盾凸显的重要时期进行的，移民思想比较活跃，接受的信息渠道、愿望和诉求都比较多。同时，移民群众法制意识非常强。因此，和 20 世纪 50—70 年代相比，难度更大。

尽管移民工作十分艰难，但南水北调工程移民工作者迎难而上，出色地完成了移民搬迁工作，使得南水北调工程顺利进行。"强制搬迁已成为过去，以人为本，和谐搬迁才是时代的要求"。① 在移民搬迁工作中，移民干部坚持以人为本的理念，把维护移民群众合法权益放在首位，顺应和尊重移民意愿，制定合理惠民的移民补偿补助政策，并不折不扣地执行落实到位，让移民群众成为南水北调工程建设的受益者，努力把南水北调移民搬迁办成

---

① 王瑞平、陈超：《浅析南水北调移民精神——以河南省南水北调丹江口库区移民为例》，《河南水利与南水北调》2014 年第 7 期。

重大的惠民工程、民生工程。①

在长期的调研活动中,勘测条件十分艰苦,众多调研考察者不畏艰辛,最终完成了查勘任务;在施工过程中,遇到各种施工难题,建设者毫不退缩,想出对策,解决了各类难题;在移民工作中,面对移民规模大、工作强度大及工作压力大的移民工作,广大移民工作者废寝忘食,不辞辛苦,全心全意投入到移民工作中,只为做好移民迁安工作。无论是前期的勘测考察工作,还是建设中的施工及移民工作,都体现出了南水北调工程工作者不怕吃苦、不畏艰难的精神。正是这种实践,丰富了南水北调艰苦奋斗的精神内涵。

第二节　舍家为国

习近平总书记在 2015 年新年贺词中高度赞扬了为南水北调中线工程作出突出贡献的移民群众和移民干部:"12 月 12 日,南水北调中线一期工程正式通水,沿线 40 多万人移民搬迁,为这个工程作出了无私奉献,我们要向他们表示敬意,希望他们在新的家园生活幸福。"②中共中央政治局常委、国务院总理李克强也作出批示:"南水北调是造福后代、泽被后人的民生工程。中线工程正式通水,是有关部门和沿线六省市全力推进、二十余万建设大军艰苦奋战,四十余万移民舍家为国的成果。"③"移民"是南水北调工程建设中极为重要又复杂的一环。国家工程离不开国家行动,国

---

① 张基尧:《南水北调回顾与思考》,中共党史出版社 2016 年版,第 221 页。
② 《国家主席习近平发表二〇一五年新年贺词》,《人民日报》2015 年 1 月 1 日,第 1 版。
③ 《河南省南水北调年鉴(2016)》,黄河水利出版社 2017 年版,第 14 页。

家行动离不开人民支持。在南水北调工程中，几十万移民表现出了割舍乡情亲情、舍小家顾大家、个人利益让位于国家利益的崇高精神。由此，舍家为国构成了南水北调精神的另一重要内涵，具体体现在移民群众心怀大局、移民干部为民奉献、建设工人勇挑重担。

一、移民群众心怀大局

南水北调工程从提出论证到实施，全国人民尤其是北方缺水地区的人民，无不期盼着南水北调工程早日实现通水，为当地注入新的活力，以改善当地的生产生活用水。南水北调工程沿线的人民群众对工程给予充分的理解和支持，服从国家安排，积极支持南水北调工程，在征地和搬迁过程中，勇于担当，积极配合，表现出高度的国家意识、大局意识。[①]

"穷家难舍，故土难离"，是千百年来中华儿女在生产生活实践中形成的内化于心的乡愁情结。这种乡愁情结，也使得南水北调工程的移民不愿离开自己生活的家园。世世代代居住在库区的百姓都不想搬迁，都想像以往一样守护自己熟悉的家园过着安稳的生活。但是为了国家的建设与发展，为了南水北调这项国家战略工程，这些移民毅然离开养育自己的土地和祖祖辈辈生活的地方，去一个陌生的环境重新开始新的生活。为了国家利益，为了南水北调，在南水北调工程建设的几十年里已累计 70 多万人进行了移民。他们不计较得失，不愿意给国家添麻烦，搬迁到陌生的土地上开辟新的家园。他们用牺牲和奉献谱写了壮丽的移民篇章，谱写了伟大的爱国精神。

---

① 张基尧：《南水北调回顾与思考》，中共党史出版社 2016 年版，第 222 页。

在南水北调移民工作中,东线工程由于人口迁移数量较少且较分散,主要采取就近安置。西线工程尚未开工,因此尚未面临移民问题。移民的重点就是中线工程的丹江口库区移民。

丹江口水库是我国 20 世纪 50 年代开始兴建的大型水利工程之一,淹没耕地 2.87 万公顷,移民人数 38.2 万。丹江口水库运行初期水库正常蓄水位 157 米,淹没淅川县土地面积 362 平方公里。为了丹江口水库建设,从 1958 到 1978 年,淅川县先后分六批迁出 20.2 万人。2002 年底,南水北调中线工程全面开工后,为了保证丰富水源,丹江口大坝再次加高,由原来的 162 米提升到 176.6 米,淅川县需要再次被淹没的面积达 144 平方公里,搬迁人口 16.2 万人。淅川人民怀着对家国民族的大爱,毅然决然地离开了自己长期生活的地方,创造了感人魂魄的精神财富。

香花镇号称淅川县的"香港",刘楼村是香花镇乃至整个淅川县最富裕的村庄。整个村庄于 2011 年 6 月搬迁至邓州市裴营乡。家住刘楼村的村民赵福禄,10 年前在丹江边开饭店做丹江鱼生意,在移民搬迁前投入了 600 多万元用于经营生意,饭店经营规模大,每年收入也可达 80 多万元。而迁入到邓州裴营乡既不临江也不沿河,搬迁就意味着之前的生意无法继续开展。但是,在国家民族利益需要的时候,赵福禄却带头签了搬迁协议。生活在淅川县香花镇鱼关村 70 岁高龄的村民吴姣娥,原本是从湖北大柴湖逃难来到此地。这次淅川大移民,她的 9 个孩子中有 6 个将迁往 3 个安置地。老人忍住骨肉分离之痛,对孩子讲道:"北京能喝上咱家的水,也是咱的光荣,不要让国家作难了,走吧。"淅川县马镫镇曹湾村是一个三面环水一面环山的富裕村,村民的年均收入接近 10 万元,全村搬迁到社旗县后,每年的收入至少要减少一半。曹湾村民杜志国没有抱怨,反而坦然地讲道:"为了南水北调,我们应该舍小家为大家。"①

为了国家利益,为了重点工程建设,为了北方人喝上甘甜的丹江水,在面临"小利"和"大义"的选择时,移民群众识大体,顾大局,默默地带着乡愁离开故土。正是无数个像赵福禄、吴姣娥一样的人民群众,国家才能完成举世瞩目的南水北调工程,实现伟大的奋斗目标。

从1958年到现在,淅川县先后动迁近40万人。这是新中国水利发展史上在一个县域持续时间最长、规模最大、经济社会情况变化最复杂的移民过程。从丹江口水库蓄水开始,顺阳川、丹阳川、板桥川,这些淅川最为富庶的膏腴之地被淹没了。这片曾经十分繁华的百里平川,连同千百年来楚国先民们留下的宝贵城池和文物古迹,一同躺在了碧波万顷的水库湖底。丹江口库区广大移民以国家利益为重,离开故土,作出了无私的奉献。移民群众舍小家、为国家,割舍亲情、乡情,毅然搬离故乡、远迁他乡,重新建设新的家园,演绎出了一场场感动人心的故事。

二、移民干部为民奉献

南水北调工程的移民搬迁工作,既需要移民群众的配合,也需要移民干部的组织协调。在移民搬迁工作中,广大移民干部高效组织,团结协作,全力保障征地移民工作;以身作则,身先士卒,发挥"领头雁"的作用。移民干部长期工作在移民搬迁第一线,直面矛盾,攻坚克难;深入移民群众,宣讲政策,落实政策,以自己的实际行动维护和执行党的政策;视移民为亲人,心系群众,不顾劳累

① 综合报道所写。参见《南水北调移民老赵的致富梦》,《中国青年报》2014年2月10日;《舍小家　顾大家》,《河南日报》2011年5月10日。

坚持工作，移民干部甚至倒在了移民搬迁工作岗位上。这有力地促进了"顾大局、讲奉献、肯吃苦、能战斗"工作队伍的形成，有力地促进了南水北调工程征地移民工作的开展。[①]

移民干部在搬迁工作中生动地体现出了敬业奉献精神。移民干部视移民工作为自己的全部，全身心地投入到了移民事业当中；无论移民群众有什么困难他们都会第一时间帮他们解决。但是，他们却没有时间去陪伴自己的家人。比如：时任淅川县县委机关党委副书记马有志，主动请缨到马蹬镇向阳村任移民工作队队长，他平易近人的工作作风给当地百姓留下了深刻难忘的印象。百姓都说："来了马有志，移民就不难。"遗憾的是，这位移民干部在2010年4月16日，在前往新村察看工作的途中，突发脑溢血，由此牺牲在了岗位上。临终前，马有志给妻子打电话说："我是农民的儿子，我为农民走了，我走后不要惦记我。"[②]在他留下的六大本工作生活遗稿中，其封面上清晰地写着四个大字：赤子之心。在遗稿的扉页上工整地抄录着艾青的两句诗："为什么我的眼里常含泪水？因为我对这土地爱得深沉……"

南水北调移民干部身上也体现了牺牲自我、为民奉献的爱国精神。他们攻克着各种移民难题，肩负着国家赋予他们的伟大任务；他们要对国家负责，要对人民负责；他们不怕牺牲，只为完成对国家的承诺；他们忠于奉献，只为移民群众能够得到妥善的安置。据统计，自移民工作开展以来，仅河南省南阳市就有近20名县乡干部和移民村干部牺牲在移民工作岗位第一线。一大批默默奉献、鞠躬尽瘁的移民干部，全心全意服务移民群众，用汗水、泪水和

---

① 程殿龙：《南水北调工程知识百问百答》，科学普及出版社2015年版，第119页。

② 罗盘、曲昌荣：《心中永远装着移民百姓——写在河南省南水北调丹江口库区移民搬迁基本完成之际》，《河南日报》2011年8月25日。

生命铺就了移民搬迁之路。移民干部用实际行动彰显着"苟利国家生死以、岂因祸福避趋之"的心怀国家、勇于奉献的高尚精神。

在南水北调移民工作中,涌现出大批忍辱负重、迎难而战的移民干部。他们是南水北调的先锋,也是移民群众的公仆。比如:淅川县城关镇移民村干部安建成,就是曾广为流传"惊世一跪"的主角,他用个人的尊严维护了移民迁安大局。安建成在负责辖区内安洼村的道路修整工作时,他带领的挖掘机不小心扫到了草丛中的一座老坟。村民全某夫妻俩知道后,径直朝安建成走去,怒气冲冲地吵着:"真不长眼,竟敢动俺家的祖坟!"此时,全某的两个儿子、儿媳也赶了过来,几个人同时对安建成进行打骂。撕扯中,安建成的上衣被撕开一道口子,背上还被抓出了血印。在几位领导和群众的劝说下,全家人的情绪才逐渐平静下来。原来,全家人的老坟位于路边,由于不太明显,加上荒草的遮掩,导致推土机在作业时蹭到了坟边。按照当地习俗,动祖坟是一大禁忌。愤怒的全某一家人要求安建成去全家祖坟坟头烧纸并磕头祭拜。安建成感到十分憋气。"我是为了移民工作,又不是故意这样做。何况你家祖坟实在不明显,机器只是蹭了个边,凭啥打我骂我,还要祭拜。"[1]但是,为了让村民及时搬迁,不拖后腿,不影响全村的整体搬迁工作,安建成放弃了个人的荣誉和尊严,跪在全某祖坟的坟头前。安建成曾经在中越边境自卫反击战的老山前线,因英勇作战荣立三等功,成为战斗英雄。在移民第一线,他跪在老乡的祖坟前,是为了顾全大局。在安建成的心里,这都是为了国家,为了人民。

在移民搬迁工作中,各级党委政府精心组织,周密安排,稳步

---

[1] 中共南阳市委组织部、南水北调干部学院:《历史的见证》,中央文献出版社 2015 年版,第 296—297 页。

推进。各级党员干部怀着高度的政治责任感和强烈的事业心,长期奋战在移民工作一线。时任河南省委书记卢展工就讲道,像南水北调移民迁安这样艰巨复杂的大事能静悄悄地圆满完成,关键是背后有一批务实重干的干部队伍,有一种新的为民之风。2012年,时任国务院南水北调办公室主任鄂竟平在座谈会上就高度称赞河南的移民工作,并讲到被广大移民干部尤其是基层移民干部兢兢业业、不辞辛苦、任劳任怨的工作态度所感动。

三、建设工人勇挑重担

为了保证南水北调工程的顺利进行,建设工人勇挑重担。这需要牺牲自己的休息时间,与家人团聚的时间甚至是自己的青春时光。近十万建设者,十年如一日,日夜兼程,架槽穿洞,穿山越河,沿着渠道前进。以南水北调工程中线为例:

丹江口大坝初期工程,因当时生产力水平低下,工具简陋,科技水平落后,10万建设工人靠着一腔热血,昼夜轮班施工,完成围堰合龙,实现丹江口水库发电、防洪、供水、灌溉等功能,为后来的南水北调工程奠定了基础。杨凤梧就是当时丹江口大坝早期工程建设的技术人员,参与了十万建设工人"腰斩汉江"的大会战,于1968年第一台机组发电后离开丹江口水库,先后去建设黄龙滩、葛洲坝、岩滩等水利工程。2005年,67岁的杨凤梧再次被邀请到丹江口大坝,做大坝加高工程质量监督站站长。杨凤梧对工程质量非常重视,要求严格,刚正不阿,因此得名"老倔头"。一个夏天的中午,烈日炎炎,大坝正在进行混凝土浇灌,杨凤梧放心不下,来到大坝工地检查。刚巧发现对温度敏感的混凝土已经凝固,施工班长却还在违章作业,企图倒水弄虚作假,杨当即要求清除全部劣质混凝土,开除施工班长,处罚施工方10000元。对于丹江口大坝加高工程,杨凤梧从来到工地后就开始记日记,前后共记了 14 本。其日记本里有工作原始账、会议记录、心得体会、工程质量缺陷备忘录等内容。杨凤梧点点滴滴的记录,可以看作工程的"活字典"。杨凤梧刚到工地时才 20 岁,离开时已 33 岁。在这里结婚成家,奉献了最好的青春,挥洒了满腔的热血。一生情系南水北调工程,辗转半生,在 67 岁时再次来到工程,发挥自己的余热。

陶岔渠首枢纽工程,初期工程建设于 1969 至 1974 年。当时参与建设的 10 万工人靠肩扛手提的原始方式施工,加班加点,有 2880 名干部民工在工地受伤致残。[①] 10 余万民工因工具简陋,技术条件不够,在建设的过程中付出了巨大的牺牲。经过 6 年,才完成了初期渠首工程的建设。工程建设过程中,不仅凝结着建设者们的聪明才智和辛勤汗水,更显示出他们舍己为人的牺牲精神。

平顶山项目部的工程管理处处长王斌,是南水北调中线工程的元老级建设者。2008 年,他就在中线穿漳工程施工现场工作,2010 年又从事沙河渡槽的设计架设,工作任务一直十分繁重,与家人聚少离多。在 2008 年,其父亲就被检查出肺癌晚期,王斌也想多陪伴老人,但由于工程任务重、时间紧,王斌一直无暇顾及老人,甚至在老人弥留之际还在开会确定沙河渡槽的提运架方案,最终没能见上父亲最后一面,铸成终生遗憾。由于工程建设需要,刚料理完父亲后事,王斌就赶回工地。为了化解内心的悲痛,王斌在那段时间不眠不休地工作,穿梭于材料场、实验室、钢筋仓、处模台座之间。夏天最热时,做沙河渡槽的预应力试验,太阳暴晒之下,衣服在几分钟内就被汗水浸透,但他依然坚持工作。王斌将全部身心都投入到工作中,晚上休息时,因为过度忧虑,常常梦见工程出现问题而从梦中惊醒。

---

① 刘道兴:《南水北调精神初探》,人民出版社 2017 年版,第 128—129 页。

河南南阳段建管处项目经理陈建国,年仅 39 岁,因长期战斗在南水北调一线工程工地,夜以继日,皮肤晒得黝黑,头发稀疏,人也消瘦。因为长期操劳,声音沙哑。他被国务院南水北调办公室树为典型。他对得起国家,却对不起自己的小家。他的母亲、大哥离世时,他未能在身边,只能默默承受;当父亲生病时,他就"带着父亲修渠",继续奋战在工程建设第一线。

南水北调工程建设者们,风雨兼程地赶工期。为了节省时间,就直接在工地上就餐。无论是炎热的夏季还是严寒的冬季,他们顶着炙热的阳光或冒着刺骨的寒风,在没有空调电扇和暖气的工地,穿梭在钢筋、水泥之间。甚至有些人拖着病体,在高强度的工作下顽强地坚持,为了赶工期、保质量,积劳成疾,付出了巨大的身心代价。自古忠孝难两全,南水北调工程的建设者为了工程的建设,背井离乡,抛家舍业,错过了孩子的成长陪伴,也难以侍奉双亲,部分建设者将父母接到工地,但更多的人与父母长期分离,甚至不能见上父母最后一面,铸成终生遗憾。他们付出的不仅是个人的青春和热血,还牺牲了与家人的团聚,割舍了亲情。

南水北调工程是一项载入史册的调水工程,工程建设过程中遇到的难题数不胜数。工程建设者们勇挑重担,投身到南水北调工作中来,积极投身于造福子孙的伟大事业。这些建设者,将自己的全部情感与热血都奉献给了这项伟大的工程,他们是时代的脊梁,也是国家和民族的功臣。

在南水北调工程中,移民群众抛下自己的乡土情结离开家乡;移民干部坚守在自己的岗位上为民奉献,协调移民的搬迁安置工作;建设工人舍弃自己乃至陪伴家人的时间推进工程的进度,他们都是为了南水北调工程的顺利实施,舍小家为国家,把亲情、乡情上升到国家情、民族情的新境界,用实际行动诠释着顾全大局、舍家为国的南水北调精神。

第三节　精　益　求　精

南水北调工程是我国自行设计、建设规模空前巨大的跨流域调水工程。这就要求规划者、管理者、建设者在相应的环节做到严谨细致及专注负责，秉持着对工程负责、对人民负责和对党和国家负责的态度，积极推进这项民生工程，将这一工程建设成经得起历史考验的优质工程。也正是规划者、管理者及建设者在具体实践的过程中对南水北调工程高质量的追求，形成了精益求精的南水北调精神。这种精益求精的精神具体体现在工程规划进行反复论证、工程管理要求科学有效、工程施工追求质量为先及工程效益力求合理多样。

一、工程规划进行反复论证

毛泽东提出南水北调的设想后，受到国内各界人士的广泛关注。在党中央国务院领导下，以水利部为主的国家有关部门和单位做了大量调查研究、勘测规划、设计论证的工作，进而提出从长江下中上游分别引水东、中、西线三条调水线路。

南水北调工程的规划经过了多年的研究论证，大致分为五个阶段，即 1952—1959 年的探索阶段，1972—1979 年以东线工程为重点的规划阶段，1980—1984 年的东、中、西线规划研究阶段，1985—1998 年的工程论证阶段，1999—2001 年的总体规划阶段。直到 2002 年，国务院批准了《南水北调工程总体规划》。《南水北调工程总体规划》的规划编制坚持民主论证、科学比选的原则，对社会各界和不少专家的建议进行了认真研究，对参与比选的重要线路都组织了现场复勘或查勘,补充或更新了大量基础资料,并且开展了跨学科、跨部门、跨地区的技术协作。为了保证规划和研究成果的质量,水利部先后召开了近百次专家咨询会、座谈会和审查会,与会专家近 6000 人次,其中有中国科学院和中国工程院院士 30 人、110 多人次,广泛听取了专家的意见和建议。[1]

东、中、西调水方案的研究论证,随着不同时期经济社会发展和研究工作的深入,又会产生不同的方案。东线工程的规划方案,就有 1976 年 3 月的《南水北调近期工程规划报告》方案——过黄河到天津,1983 年 2 月水利部的《关于南水北调东线一期工程可行性研究报告审查意见的报告》方案——进东平湖不过黄河,1990 年《南水北调东线第一期工程修订设计任务书》方案——过黄河到天津、北京,1992 年编制完成的《南水北调东线第一期工程可行性研究修订报告》方案——过黄河到天津和北京,1996 年水利部论证委员会提交的《南水北调论证报告》方案——过黄河到天津供胶东,《2001 年修订规划》方案——过黄河到天津,分供烟台、威海等。最后,在几十年的多方案研究中,京杭大运河线始终是南水北调东线工程最为成熟的一个方案,获得了水利界及社会的广泛认可。

中线工程水源工程的建设方案中,对于丹江口水库建设就提出并研究过丹江口大坝不加高方案、丹江口大坝按正常蓄水位加高 170 米方案、丹江口大坝按正常蓄水位加高 161 米方案,以及从三峡水库引水及坝下长江干流引水两类方案。其间长江水利委员会曾多次研究龙潭溪引江方案、香溪河长隧洞换水方案、大宁河一级提水设想、大宁河二级抽水设想以及香溪河扬水设想。经过多种方案的比选、梳理,总体可归纳为丹江口水库不加坝明渠输水方案,丹江口水库加坝明渠输水到北京、天津方案,丹江口大坝不加

高全线管涵输水方案,丹江口大坝加高明渠结合部分管涵输水方案,以及黄河以北高线、低线方案。经过多年研究,反复论证,南水北调中线水源工程方案日趋成熟。

西线工程的规划方案更为多样,在 1996 年以后,西线工程进入规划阶段,对西线工程的布局、可调水量、供水范围和工程方案都进行了深入的研究。经过分析后,在 30 多个引水线路中选择出有代表性的线路 12 个。经过技术经济比较,认为大渡河的达—贾联合自流方案、雅砻江的仁—章自流方案和阿—贾自流方案、通天河的日—雅—章自流方案和侧—雅—贾自流方案作为优先选择方案。

自 1952 年毛泽东提出南水北调的设想并作出指示后,南水北调工程的有关管理部门就开始组织人员和专家对调水路线开始了长期的勘察和研究。在此基础上,各级人大代表、政协委员及专家学者等提出了大量建议,最终规划出了几十种调水方案。对于几十种方案,规划者们又进行反复论证比较,分析每一条调水路线的利弊,最终经过综合考量选取一条最优的线路,并对三条输水路线都作出了清晰的规划,力求确保输水路线的畅通。南水北调工程的规划者们忠于自己的职业,并且热爱他们所从事的事业,在自己所工作的领域不断超越,就是为了给南水北调工程作出一份科学的规划,确保工程的合理性和科学性。这正体现了在南水北调工程规划中,规划者们精益求精的精神。

二、工程管理要求科学有效

根据《南水北调工程总体规划》规定,南水北调工程实行"政府宏观调控、准市场机制运作、现代企业管理和用水户参与"的体制原则。实行政企分开、政事分开,按现代企业制度组建南水北调项目法人，由项目法人对工程建设、管理、运营、债务偿还和资产保值增值的全过程负责。南水北调工程建设管理体制的总体框架分为政府行政监管、工程建设管理和决策咨询3个方面，力求工程管理做到科学有效。

除设计严格的工程管理体制外，更重要的是在工程管理的实践中追求工程的质量。严格要求工程质量管理工作，是确保工程质量十分重要的一环。国务院南水北调工程建设委员会专家委员会在历年质量检查以及对东、中线工程质量的评价中都认为：国务院南水北调办认真贯彻国务院南水北调工程建设委员会决策部署，高度重视工程质量，建立健全以质量责任为核心的系列管理制度；创新监管措施，强化质量监管措施，加强责任追究和信用管理，形成了持续质量高压监管态势。

南水北调中线一期工程全长2899公里，如有一处出现质量问题，后果不堪设想。为此，国务院南水北调工程建设委员会办公室强调："质量是南水北调工程的生命。各参建单位要始终以如履薄冰、如临深渊的态度对待质量工作，始终以一丝不苟、精益求精的态度狠抓工程质量管理，始终以过硬的技术水平和成熟的工艺措施保证工程质量，始终坚持进度、质量两手抓两手硬，以进度和质量双目标的实现，来保证各项建设目标的实现。"[1]

自2002年开工以来，南水北调工程实施严格的以责任追究为核心的"查、认、罚"监管体系，还推行工程质量终身责任制，即谁建设谁负责。国务院南水北调工程建设委员会办公室每个月都要进行会商，实施月度与即时责任追究。

2007年，为进一步加强南水北调工程质量管理、确保工程质量，国务院南水北调工程建设委员会办公室对各省、直辖市南水北

---

[1] 董长兴：《水利工程建设监理基础与实务》，黄河水利出版社2014年版，第92页。

调办事机构,南水北调工程各省、直辖市质量监督站、重点项目质量监督站及各项目法人提出了要求。其中就包含了以下几点:

一是强化质量意识。百年大计,质量第一。项目法人(项目管理单位)、勘察设计施工、监理等各参建单位以及有关政府监管机构要进一步提高对南水北调工程建设重要意义的认识,树立精品意识;要把保障工程质量放在各项工作的首位,尽快形成各方重视质量,人人关心质量,齐心协力抓好质量的工作氛围。

二是进一步明确质量管理责任。各参建单位要进一步完善和强化质量保证体系,健全和落实项目法人、勘察设计、施工、监理等多层次的质量责任制。项目法人要发挥责任主体作用,落实质量责任制和质量责任追究制,对工程质量负总责。勘察、设计单位对其勘察、设计成果的质量负责。监理单位要按照项目法人的委托,对工程质量、进度、投资负监督控制责任。施工单位对工程施工质量负直接责任。各参建单位法定代表人按各自职责对所承担的工程质量负领导责任和终身责任。

三是进一步强化行政监管。发挥南水北调工程质量政府监管体系优势,建立联合巡查机制,不定期开展质量巡查和专项抽查。现场质量监督机构要加强对有关工程建设质量的法律法规和技术标准执行情况的监督检查,加强对参建单位行为和工程实体质量的监督检查。对检查中发现的问题,有关单位要认真整改落实。要加大质量问题通报、警示和处罚力度,督促有关单位和人员严格自律;对于屡屡出现质量问题的企业和个人要依法严肃处理,对重复出现问题的企业和个人要进行通报,对于问题严重的企业要坚决清出南水北调工程建设市场。

对于工程管理不到位的情况,及时追责。以2013年为例,截至8月底,因局部环节管理不到位,就有7家建管单位、37家监理单位和42家施工单位等86家责任单位、78名责任人被追究责任。2013 年 9 月底,南水北调工程建设委员会专家委员会组织了一批院士和专家,对中线一期工程开展了质量检查工作,其评价是质量管理体系总体运行良好,工程质量能够保证。南水北调工程"高起点、严要求"的质量管理格局收到了如期效果。

科学有效的工程建设管理体制是工程建设成功的保障,是确保工程良性运行的前提,也是调动各方积极性的杠杆。

三、工程施工追求质量为先

科学的规划,严格的设计与管理,最终都要落实到施工上来。南水北调工程建设者在施工中始终将确保工程质量视为自己的使命。

众所周知,南水北调工程是当前世界上规模最大的调水工程,这从根本上决定了它的建造难度之大。加上施工工期紧,无形中增加了工程建造的难度。但是,大国工匠们并没有被困难所吓倒。他们奋战在工地上,反复试验只为寻求一次技术突破,不断打破技术瓶颈,只为确保工程的质量。

南水北调中线总干渠禹州长葛段工程面临采空区施工问题。禹州长葛段工程全长 53.7 公里,此段工程须穿过新峰、郭村、梁北工贸和福利 4 个煤矿采空区。禹州长葛段采空区的施工,首先面临的是采空区的基础处理。基础处理好了,才能进行渠首开挖及衬砌,之后才能进行桥梁、倒虹吸等工程建设。许昌建管处将 4 个煤矿采空区分为两个标段,引进竞争机制加快施工进度。采空区的施工关键是对空洞进行填充,确保凝固强度,保持地层稳定。由于采空区的填充没有相关技术的指导,施工之前需先做试验确定施工工艺参数和灌浆施工参数,才可以大规模展开施工。再如新峰二矿采空区遇到的结构松散的老河床卵石层,施工技术人员采用泥浆随钻护壁和水泥护壁堵漏法进行突破。禹州长葛段 3 标项目为了工程顺利完工,投入比原来数量多 1 倍的钻机,凿了约 2000 个孔,对采空区灌浆 17 万余吨,施工现场声势浩大。最终将中线禹州长葛段建成了优质工程。

工程施工中遇到膨胀土问题。膨胀土遇水变泥,干燥后变硬,容易造成地基隆起、路堤开裂、边坡失稳等问题。长江勘测设计公司组织专业技术人员,对膨胀土进行研究、实验、分析,总结出膨胀土对工程的两种破坏模式,并针对性地提出解决方案,攻克了业界认为的水利工程"癌症"。此外,设计者虽考虑到北方的冻胀,但是对它的严重程度认识不足。在通水运行后渠道冬天结冰,渗透水在土壤中结冰,混凝土面板大片大片地被顶裂。面板开裂后,水再渗漏进去,结冰后工程损毁严重。施工者及时吸取教训,在混凝土面板下加厚反滤层,增加土工布,解决了混凝土面板在冻胀下开裂的问题,确保了工程的质量。

沙河渡槽综合流量、跨度、重量、总长度,规模排名世界第一。由于渡槽重量大、单槽重量达 1200 吨,因此架设难度极大。"沙河渡槽的槽深采用 U 型双向预应力结构、现场预制架槽机架设施工的方法,属于国际水利行业大流量渡槽设计施工的首例,填补了国内外水利行业大流量渡槽设计及施工的技术空白"[1]。

长距离输水是南水北调工程面临的另一技术难题。此工程输水渠道沿线穿越的地形、地质条件复杂,水文、气象以及运行条件差异很大。针对南水北调东、中线一期工程长距离渠道输水、地形地质条件复杂等特点,施工者创新研制出具有自主知识产权的系列成套设备。与国外同类设备相比,成型机自重降低 2/3,施工效率提高 66%,设备价格降低 80%,在国内外处于领先地位。正是

---

① 刘道兴:《南水北调精神初探》,人民出版社 2017 年版,第 142 页。

为了保证输水工作的顺利进行,施工者在施工过程中不断探索,自主研制出先进设备,以解决长距离输水的难题。

在施工过程中,工程建设施工人员遇到各种问题,他们以一丝不苟的工作态度,秉持着对工程、对人民和国家负责的态度,坚定地予以解决和克服。他们在施工过程中突破技术障碍,不放过每个细节,精雕细琢,就是为了确保工程的质量经得起时间的检验。

四、工程效益力求合理多样

南水北调工程通水以后,在很大程度上缓解了中国北方地区水资源供给不足的问题。同时,南水北调工程通水,带来了增强水资源供给能力、改善生态环境、服务应急抗旱、遏制地下水下降趋势等多方面效益。

一是增强水资源供给能力。南水北调东线一期工程运行后,不仅每年为山东省增加供水量 13.53 亿 m^3,缓解水资源短缺矛盾,保证了受水市城镇用水,缓解了山东省受水区旱情。此外,还打通了长江水的调水通道,构建起了长江水、黄河水、山东省当地水联合调度、优化配置的骨干水网,增加了特殊干旱年份水资源的供给保障能力。中线京石段工程自 2008 年起,从河北省的 4 个水库调水,到 2014 年已 4 次向北京调水,累计入京水量 16.1 亿 m^3。[1] 高峰时期,南水北调供水约占北京城区用水的 60%,有效缓解了首都高峰期的供水压力。

二是改善生态环境。东线通水后,山东、江苏两省的生态环境都得到了改善。例如,在山东省,通过向小清河生态供水和保泉补

---

[1] 《中国南水北调工程·建设管理卷》,中国水利水电出版社 2018 年版,第 173 页。

源,改善了小清河水质和周边生态环境,确保济南市区段小清河和周边泉水有充足的景观用水量,南水北调工程"清水走廊"的形象由此深入济南市民的心中。

中线通水后,天津城市生产生活用水水源得到有效补给,替换出一部分引滦外调水和本地自产水,从而有效地补充农业和生态环境用水。同时,天津创新环境用水调度机制,变应急补水为常态化补水,扩大了水系循环范围,促进了水生态环境的改善。此外,河南、湖北等区域的生态环境也得到改善。河南省利用南水北调调来的水向郑州市西流湖、鹤壁市淇河生态补水,促进了淇河生态建设,缓解了灌区旱情。许昌市利用南水北调水与当地水优化配置,初步打造成为水网密布的绿色生态城市。湖北省区域生态环境也得到了改善,绝迹多年的中华秋沙鸭、黑鹳等国家一级保护动物出现于汉江兴隆水域。引江济汉工程正式建成通水后,供水效益发挥的愈加显著。2014 年,荆州承办省运会时,引江济汉工程通过港南渠引水渠道进入荆州护城河,对荆州实施生态补水,大大改善了城区的水环境。

三是服务应急抗旱。山东省结合全省抗旱工作的需要,先后利用南水北调工程提供抗旱水源 3837 万 m^3。2015 年,当潍坊遭遇连续严重干旱时,南水北调工程及时向潍坊市区和寿光市供水,保障潍坊人民群众生产生活用水,缓解了因旱情带来的用水不足问题,确保了潍坊市在大旱之年没有出现水荒。由于干旱,河北省沧州市水源地大浪淀水库存水量不足,2015 年底,通过石津干渠从中线总干渠引水,应急向大浪淀水库补水 3000 万 m^3,有效缓解了沧州市用水紧张的局面。

四是遏制地下水下降趋势。东线工程通水以来,江苏南水北调受水区提前完成国家确定的地下水压采 1300 万 m^3 的总体目标任务,地下水的水位和水质逐步恢复。中线工程通水以来,北京向运行中的地下水水源地补充南调的水,重点回补了多年来超采严重的水源地,遏制了地下水水位下降趋势。河南省新野二水厂等15座水厂所在地区水源将地下水置换为南水北调水,邓州市、南阳市等14座城市地下水水源得到涵养,地下水位得到不同程度的提升。地下水生态环境得到改善。

南水北调工程建设者们靠着对工程质量的孜孜追求、对责任的坚守,将自己的聪明才智与现代科技熔铸于工程之中,克服了一个又一个难题,高质量地完成了工程任务,展现了新时代的建设者们精益求精、攻坚克难的职业精神。南水北调工程,从工程的规划,工程质量的管理,再到工程的施工,都体现出设计者、管理者及施工者对工程质量的高标准、严要求。南水北调工程作为一项调水工程,除缓解北方用水紧张这一问题外,还产生了其他多种效益。在这一过程中,体现出了南水北调工作者追求完美极致的精神,从而构成了精益求精这一南水北调精神的内涵。

第四节　和　谐　共　生

党的十八大报告指出:"面对资源约束趋紧、环境污染严重、生态系统退化的严峻形势,必须树立尊重自然、顺应自然、保护自然的生态文明理念。"①习近平总书记多次强调,"自然是生命之母,人与自然是生命共同体。"②人与自然的关系是最基本的关系,人类在同自然的互动中生产、生活、发展,必须按照自然规律活动,坚

①　中共中央文献研究室:《十八大以来重要文献选编》(上),中央文献出版社2014年版,第30页。
②　习近平:《在纪念马克思诞辰200周年大会上的讲话》,人民出版社2018年版,第21页。

持人与自然和谐共生。2016 年 5 月,习近平在东北调研时指出:
生态就是资源,生态就是生产力。在南水北调工程建设中,设计者
和建设者们始终坚持生态文明的理念,在水污染治理、水源地保
护、输水总干渠建设等方面,做到生态环境保护与工程施工"同规
划、同部署、同实施、同运行",把生态文明理念贯穿于工程建设始
终。① 南水北调工程是一个调水工程,也是一个生态工程,可持续
发展的工程。早在 2000 年,国务院在南水北调工程进入总体规划
论证阶段时,便定下了"先节水后调水,先治污后通水,先环保后用
水"的指导原则。此后,南水北调工程沿线的各省市都积极探索生
态优先、绿色发展的模式。在工程建设中,沿线各省坚持从人水和
谐发展的角度来规范工程建设,加强管理。南水北调工程注重生
态环境的保护,其所体现的和谐共生的理念、做法,构成了南水北
调精神内涵的独特性。这种和谐共生具体体现在污水治理保护洁
净水源、生态廊道打造美丽工程、农业转型践行绿色发展等方面。

一、污水治理保护洁净水源

　　保持洁净的水源,是清水北送的必然要求。在保护水源的过
程中,污水治理显得十分必要。南水北调工程东、中沿线的各省市
都采取了治理水污染的措施。

　　南水北调东线工程地处淮河流域下游,工业化和城镇化进程
中产生的结构性、复合型污染问题在该区域集中体现。为此,国务
院有关部门和沿线省、市将南水北调东线治污工作与国家重点流
域水污染防治和节能减排工作统筹结合,探索了符合东线实际的
治污理念、管理体制和运行机制,积累了丰富的流域污染的治理经

① 张基尧:《南水北调回顾与思考》,中共党史出版社 2016 年版,第 173 页。

验,发挥了辐射带动全国重点流域治污工作的积极作用。

山东、江苏两省在南水北调工程实施的过程中,不断完善地方法规和标准体系,颁布实施了有针对性的严于国家标准的重点行业污染物排放标准。山东省率先颁布实施了《山东省南水北调工程沿线区域水污染防治条例》,出台了严于国家标准的地方性污染物综合排放标准,对沿线汇水区进行分级保护,实施分阶段逐步加严地方污染物排放标准,有效地实现了企业排放标准与地表水环境质量的对接。这些逐步严格、完善的法规政策为全面深化治污工作及确保通水水质目标,提供了有力的法规和政策保障,对持续深化东线治污工作形成了倒逼机制。

山东省从调水沿线每一条汇水河流入手,实施"治""用""保"并举策略。山东省各地因地制宜,充分利用低洼地、煤炭塌陷区等闲置荒地及季节性河道,对经达标排放的企业和污水处理厂出来的中水进行拦蓄,用于农田灌溉、工业和生态景观用水,不进入或少进入调水干线,促进了沿线农业、工业生产的发展,提高了河道防洪防涝能力,改善了河流两岸的交通和城市景观生态环境。

江苏省也精心规划建设了一批截污导流项目。工程建成后,沿线主要城市经达标排放后的企业和污水处理厂尾水,在当地充分回用及资源化后,采取工程措施进行导流排放,不再进入东线输水干线,实现输水干线的"清污分流"。江苏省部分城市还将截污导流工程建设与老城区改造相结合,既改善了区域水环境,又提升了沿线城市生态品质。

南水北调中线的陕西、湖北及河南省,也都采取了治理水污染的措施。陕西省密植排污设施,提升水质。汉江、丹江流经的汉中、安康、商洛三市,在 2010 年时境内仅有 6 座污水处理设施。此后,为了治理污水,保护洁净水源,商洛市关停了 49 家工业企业,保留下来的企业在环保上不断加大投入。不仅如此,商洛市还由河流流经辖区的官员担任河长,负责推进河道整治、生态修复以及水质改善等环保工程建设。商洛市还率先建成污水、垃圾处理厂和覆盖全市水源区的生态环境动态监测系统。截至2014年底,陕南三市28个区县实现污水处理厂、生活垃圾无害化处理厂全域覆盖,日处理城镇污水49.75万立方米,日处理生活垃圾3900吨。污水处理厂、垃圾处理厂的建设,改善了县城污水排放的情况,大幅降低了生活废水、生活垃圾直接抵达汉江造成的污染。

为了根治面源污染,近年来依托"丹治"工程,陕西在水源区24个县(区)建设了46条生态清洁小流域,以"手术刀治疗"为先导,关、停、并、转、迁了370多家不符合国家产业政策且污染严重的企业,全面实施污染物总量控制和排污许可制度。同时,进行大面积"药物治疗",加强城镇污水、垃圾处理设施建设,完善建制镇及工业园区、移民集中居住区的环保设施。

湖北省也投入大量资金整治污染,开展"清水行动"。湖北省十堰市为保一库清水,投入17亿元资金,整治排污口590个,新建长达1000公里的污水收集、清污分流管网,清除河道淤泥561.5万吨,完成了130公里的生态河道建设。2013—2014年间,十堰市共开展"清水行动"4次,挂牌督办企业10家,纠正环境违法行为200起,累计罚款500余万元。"清水行动"旨在对十堰市内污水处理、垃圾填埋、河道垃圾治理、破坏生态环境的违法行为进行专项整治,责令200多家企业停产或整顿,共计286家畜禽养殖场被清除,22家农家乐被取消营业资格。经整治后,十堰市全市污水收集率达95%,垃圾收集率达97%。十堰市从"汽车之城"转变为国家生态文明先行示范区。

河南省多年来为了保护库区供水环境,在淅川县连续关停并转350多家造纸、水泥、冶炼、化工等涉污企业,该县财政收入因此一度下滑40%。许多在水库边从事养鱼、捕捞和旅游餐饮的群众,也都弃船上岸,改为从事生态环境保护的新行业。整个淅川县以水质保护统揽工作全局,推进转型发展、绿色发展、和谐发展,努力建设渠首高效生态示范区。他们心里都装着一个信念——"让首都喝上干净水",做到了守土有责、守土尽责、甘于牺牲、无怨无悔,践行着"确保一库清水送京津"的庄严承诺。

为了确保受水区的水质,国家及相关管理单位加大对输水过程中污染水源的监测,切实消除污染隐患。国家制定了中线一期工程通水水质监测方案,加强对总干渠水质的监测与跟踪。例如北京市在总干渠进入北京前、进入调节池及自来水厂前均严密监控,确保污染水体不进京、不入池、不进厂,三道防线确保水质安全。中线干线工程运行管理单位还编制了输水过程中突发污染风险应急预案,做好应对突发污染事故的防范工作。一旦发现污染水体、将及时关闭沿线节制闸,并通过退水闸将污染水体从总干渠放出。环保部还组织水源区和沿线地方政府环保部门常年开展南水北调中线水源区沿线水环境保护的专项检查,以切实做到对污染源的彻底整改,尽快消除污染隐患。

南水北调工程通水以后,调水供水在增加当地供水总量的同时,也在增加当地污水排放量。污水排放量的增多必然会引起污水存量的增加,这就要求"加大生态保护力度,加强南水北调工程沿线水资源保护,持续抓好输水沿线区和受水区的污染防治和生态环境保护工作"①,将水资源的保护放在下一步南水北调工作的突出位置,从而实现水资源的循环。国家南水北调办在污水治理方面的措施,确保了水源区的水质安全。加强水源地保护,是保证南水北调水质的核心,也是营造良好的生态环境,贯彻落实绿色发

---

① 《深入分析南水北调工程面临的新形势新任务　科学推进工程规划建设提高水资源集约节约利用水平》,《人民日报》2021 年 5 月 15 日,第 1 版。

展理念的关键。

二、生态廊道打造美丽工程

除了进行污水治理外,南水北调工程沿线各省市在调水沿线还实施了清水廊道工程以确保调水水质,将南水北调工程打造成美丽的生态工程。

南水北调工程中线生态廊道指的是在引水总干渠两侧各100米内种植生态绿化带,内侧30—40米距离范围内种植常绿树种,外侧60—70米范围内种植经济林木,充分保障南水北调中线工程水质安全。[①] 生态廊道所在区域生态环境脆弱,森林资源匮乏,水质污染的潜在威胁大。为保护水质安全,中线工程沿线各城市纷纷开建生态廊道,在生态廊道的基础上扩展生态经济带,将生态效益、景观效益与经济效益融为一体。

随着中线主体工程于2013年底基本建成,2014年工程正式通水,河南省林业厅不断加大工作力度,一是积极整合国家、省级林业生态建设工程项目资金向南水北调中线干渠廊道绿化倾斜。将该生态带建设纳入太行山绿化三期工程、长江防护林绿化三期工程、农户造林补贴项目、森林抚育项目等补助范围,并作为河南省"四区三带"区域生态网络建设的重要内容,国家工程涵盖不了的区域全部纳入省级造林工程补助范围。同时做好两侧廊道绿化与外侧农田林网建设的无缝衔接,大力发展优良乡土树种,提高乔灌结合比例和绿化树种配置比例,提高综合防护能力。二是召开现场会,推进生态带建设。河南省政府在南阳市渠首专门召开全省林业生态建设现场会,全面安排部署南水北调中线工程干渠两

---

① 刘道兴:《南水北调精神初探》,人民出版社2017年版,第62页。

侧的绿化工作。三是积极协调各级政府支持干渠生态带绿化。中线工程沿线 8 个省辖市将生态带建设纳入当地年度营造林的重点工程给予政策、资金的倾斜,同时创新机制,吸引社会资金用于干渠廊道生态带建设。随着国务院对《南水北调中线一期工程干线生态带建设规划》的批复和中线工程正式向北方供水,河南省沿线各省辖市结合实际,出台优惠政策,加大资金支持力度,加快推进南水北调中线生态廊道建设。

　　为降低污染、保证水质必须树起绿色保护网,河南沿线各地在干渠两侧建设生态保护带。比如:南阳市安排 3000 万元作为专项资金对渠首干渠的绿化进行补贴,沿线生态廊道建设总投资达 1.46 亿元。南阳市对生态廊道、生态林带的植物配置比例提出要求:速生树种、慢生树种的比例大致控制在 6∶4 范围,期待在短时间内速生树种能起到净化污染的作用;常绿和落叶树种的比例为 3∶7,充分保证视觉的时序景观效应;本土树种和外来树种的搭配比例大致控制在 8∶2,发展优良乡土树种的同时,最大程度使当地农民受益。南阳渠首示范工程在干渠两侧营造防护林带和农田林网组成的高标准生态廊道,充分体现了"创新、协调、绿色、开放、共享"的发展理念,是实现区域经济可持续发展的有益尝试。南阳市在完成 95% 的绿化长度基础上,率先全部完成境内干渠总长度 183 公里廊道绿化任务,为河南省南水北调中线工程干渠两侧生态带建设作出了示范。南阳市的主要做法,一是制定优惠政策,加快土地流转。由沿线县(区)政府统一垫付资金承租,按照干渠两侧 100 米的标准完成土地流转 44 万亩。二是市场化运作。由县(区)政府或乡镇政府统一对外发包,返租给企业或造林大户,签订造林绿化合同,确保不栽无主树、不造无主林。三是加大资金投入。累计完成资金投入 5.6 亿元。按照每亩 600—1000 元的标准对公司及大户进行绿化补贴。四是统一设计标准。廊道内侧种植 40 米宽常绿乔木林带,外侧种植 60 米落叶林带,常绿和落叶林带间铺设 6 米宽的塑胶自行车道路。

比如:南阳市的下辖县方城县,为营造南水北调中线工程良好的生态环境,以实施林业生态县提升工程为契机,对南水北调中线干渠方城段生态走廊建设进行规划部署,即在干渠两侧种植宽度 100 米的生态防护林,主要公路、河道交汇处营造景观点,两侧林带宽度各增加到 200 米,林带长度达到 1000 米以上。自南水北调中线工程规划施工之后,方城县已连续在干渠外围实施了山区生态林工程、农田防护林工程、生态廊道工程、城市森林体系工程、退耕还林工程、林业产业造林工程等重点生态造林绿化工程。几年时间内该县共完成各类造林 40 余万亩,全县林地面积达到 123 万亩,森林覆盖率 28.91%,林木覆盖率 30.16%。先后建成大寺和七峰山两个国家 AA 级森林公园,七十二潭和七峰山风景区,完成望花湖、潘河、赵河、贾河四个湿地公园建设规划,为该县南水北调中线生态走廊建设积累了经验。

许昌市则完成境内数十公里的干渠廊道绿化任务。许昌市干渠每侧栽植 100 米以上的树木,林带中间修建 8 米宽的生产道路,对重要区段和节点进行重点打造,栽植生态树种,提升绿化水平和档次。比如:禹州市实行统一配套水电、路等基础设施建设,按照每亩地每年 1000 元的标准对乡(镇)实行补贴,连补 3 年。长葛市财政按每亩每年 1000 元的标准,对乡(镇)进行补贴,连补 5 年。河南省其他有关省辖市也都开展了不同形式的南水北调中线干渠两侧绿化试点工作。俯瞰河南 731 公里长渠,二条绿色走廊伴其左右,蜿蜒前行,若隐若现,"一年四季景不同"的景观走廊正在变为现实。①

---

① 《河南省南水北调年鉴 2016》,黄河水利出版社 2017 年版,第 435 页。

截至 2016 年,河南省已经完成中线工程干渠两侧生态走廊绿化 320 余公里,完成造林面积 91 万余亩。黄金梨树的果实有小孩儿的拳头般儿大,核桃树亭亭玉立,石榴花儿火红,成排成行的树木随风摇曳,树叶沙沙作响……2016 年 6 月 9 日,记者在中线工程邓州市渠道内看到,干线两侧的生态林带初具规模。南水北调中线生态廊道建设是确保中线工程输水水质安全的基础,是河南省"四区三带"区域生态建设战略的重要组成部分。根据《中原经济区建设规划》,河南省政府出台了 2013 到 2017 年河南林业生态省建设提升工程规划。[①] 该规划要求,在南水北调中线工程两侧营造高标准防护林带和农田林网防止污染,保护水质安全,建成发挥综合效益的生态走廊。

推动中线输水总干渠两侧生态带建设,打造生态廊道。通过构建输水沿线生态屏障,保证了输水水质,也保护了生态环境,是贯彻落实绿色发展理念的重要举措。这样,也有助于将南水北调工程打造成一项美丽的生态工程。

三、农业转型践行绿色发展

生态农业发展,是指在能够保证现有经济社会健康、平稳、快速和可持续发展的条件下,最大程度地从各个方面保障良好的生态环境,从而实现环境效益和经济效益的协调统一。生态农业的重点在生态,目的在发展,是一种更为合理、更具竞争力、更加可持续的发展方式。生态农业是具有中国特色的现代农业,是实现农业和农村经济可持续发展的必然选择,是遏制生态环境恶化和资源退化的有效途径。

[①]《河南省南水北调年鉴 2016》,黄河水利出版社 2017 年版,第 434 页。

　　丹江口库区因其特殊的地理位置和资源优势,被划定为南水北调中线工程调水的核心水源区。为保持"一江清水北送",丹江口库区周边地区大力调整生产结构,坚持走绿色发展的道路。为保证调水水质安全达标,国家对丹江口库区生态环境的治理、保护和建设提出了更高的要求,丹江口水库要在原坝高的基础上加高,以增加库容量。这样,库区原有的经济社会系统在一定程度上也会被打乱。此外,由于丹江口库区范围内大部分地区地处偏远山区,经济社会发展滞后,贫困人口众多,大力发展地方经济及改善其居民生活条件是亟待解决的问题。这样,丹江口库区就面临保护生态环境及发展当地社会经济以改善其居民生活水平两大难题。由此,发展及建设生态农业是解决这两大难题的合理道路。

　　习近平总书记在 2019 年中国北京世界园艺博览会开幕式上的讲话中指出:"绿水青山就是金山银山,改善生态环境就是发展生产力。良好生态本身蕴含着无穷的经济价值,能够源源不断创造综合效益,实现经济社会可持续发展。"[1]绿水青山转化为金山银山的具体方式之一即利用生态溢出效应,远距离实现生态产品的市场经济效益,利用市场化、多元化生态补偿机制,实现生态产品价值实现。南水北调中线工程就利用了丹江口水库丰富的生态环境资源,通过改革、创新,让这些地区的土地、劳动力、资产、自然风光等要素活起来,让绿水青山变金山银山。"南水北调中线工程建设在遵循共建共享原则的同时,又始终遵循客观经济规律的要求,把市场机制作为资源配置的基本方式和主要手段,从而有效地实现了资源的优化配置,提高了资源配置效率,并使之与共建共享相互辉映,推动和保障南水北调梦想成真。"[2]

---

① 习近平:《习近平谈治国理政》第 3 卷,外文出版社 2020 年版,第 375 页。
② 刘道兴:《南水北调精神初探》,人民出版社 2017 年版,第 274 页。

丹江口市力求做大做强生态农业。农产品加工业一头连着产业，一头连着农民，已成为丹江口市工业中增幅最大、发展最好的行业。2015年，丹江口市围绕"百亿农产品加工市"建设目标，不断延伸产业链条，提升产品附加值，把农产品加工作为支撑经济发展的"大杠杆"，致力提高加工经济在经济总量中的比重。

（1）推进精深加工。重点推进水都农产品加工园区和东环路农产品加工园区的水、电、路等基础设施建设，确保企业入驻。此外，加快粮油食品、果蔬、食用菌、茶饮料、畜禽、水产品、茶叶、木工艺等农产品由初级、粗放向精深、集约加工转变，提高包装档次，力争全年农特产品加工产值突破百亿元。

（2）培育领军企业。围绕柑橘、蔬菜、水产、茶叶等农产品，开展专题招商，引进领军企业。大力改造提升传统企业，引导其向战略性新兴产业领域转型升级。积极培育种子企业，在研发、管理、土地、金融、公共政策和项目应用方面优先支持。

（3）打造精品名牌。围绕"饮源头水、食丹江鱼、吃武当桔、品老道茶"的品牌创建方针，扩大"源头水、丹江鱼、武当蜜桔、武当道茶"四大品牌的影响力，开展"库区清，桔乡行""美食节""农超对接"及农博会等活动，多层次、多角度推进特色农产品走进国内、国际市场。力争柑橘及银鱼出口，黑茶、砖茶系列武当道茶也实现出口，以全国电子商务进农村试点为契机，整合资源加快电子商务平台建设，做好特色农产品包装宣传，争创"三品一标"。

南水北调中线工程实施后，作为工程渠首所在地，淅川县九重镇大力调整农业种植结构，发展金银花种植业。淅川县委、县政府把金银花种植业作为渠首高效生态经济示范区建设的主导产业进行大力扶持，县财政每亩地补贴500元，免费提供种苗。此外，九重镇与淅川县福森药业集团合作，利用北京对口支援协作项目资金，率先建设了金银花产业基地。新采摘的金银花直接被送到配套的烘干加工厂，然后进入制药车间。原材料就地加工成为产品，为企业节省了运输费用。金银花除药用外，其根系极发达，细根丛生同时生根能力又强，茎蔓着地即能生根，具有很好的固土作用，有利于防治水土流失。这样，金银花的种植，不仅产生了经济效益，同时还产生了生态效益。

南阳市围绕丰富的农业产业资源，加快农区工业化步伐。全市逐渐形成以天冠集团为龙头的玉米、秸秆—燃料乙醇、纤维乙醇、饲料等农产品加工产业链，以新纺、南纺为龙头的棉纺深加工产业链，以宛西制药股份有限公司为龙头的药材种植—中成药一体化药材加工产业。在发展当地经济的同时，同样促进了生态的发展。

保护生态环境是实施南水北调工程的基本前提和重要目标。南水北调工程在建设的过程中，体现出了践行绿色发展的理念。为了保护洁净的水源，工程建设的相关单位积极采取污水治理的措施，确保将"一江清水北送"；为提高调水水质，在工程沿线建立生态廊道打造美丽工程；为实现工程的可持续发展，积极促进农业转型，发展生态农业，以遏制工程沿线生态环境恶化和资源退化。南水北调工程切实做到了对调水沿线生态环境的保护，实现人与自然的和谐相处。这一实践过程孕育出人与自然和谐共生的南水北调精神，使南水北调精神的内涵得到不断的丰富。

第四章　南水北调精神的价值

　　党的十九大报告指出：中国特色社会主义进入了新时代，我国社会主要矛盾已经转化为人民日益增长的美好生活需要和不平衡不充分的发展之间的矛盾。可以说，随着中国特色社会主义进入新时代，中国人民不再满足于对物质的单一追求，对精神的渴望也在不断增强。能不能提供更多的精神产品，发掘精神产品的多维价值成了社会发展与学术研究的重要课题。在党领导中国的革命、建设、改革过程中形成了诸如伟大建党精神、红船精神、井冈山精神、雷锋精神、铁人精神、红旗渠精神等宝贵精神财富。站在新时代的历史起点上，中华民族还需要倡导更多的具有现代特征的精神，如抗疫精神、航天精神等。南水北调精神是形成于南水北调工程这一伟大实践中的中国精神，其既具有中华文化的传统色彩，又蕴含现代实践的精神内涵，同时还汇聚着推动未来发展的精神力量，这就决定了其在多个层面能够满足中国特色社会主义发展建设的需要。

第一节　构筑中国精神丰富内容

　　中国精神是以爱国主义为核心的民族精神与改革创新为核心的时代精神的统一。南水北调精神是孕育于南水北调工程实践的中国精神,其中舍家为国的移民行动充分体现了民族精神,精益求精的工程建设充分体现了时代精神。南水北调精神的弘扬与践行将丰富中国精神不同维度的内容,同时从不同维度构筑起中国精神的谱系,使之不断丰富发展。

一、中国精神的基本内涵

了解南水北调精神在中国精神中的历史地位和价值,首先需要明确中国精神的基本内涵。一般来说,中国精神意指形成于中华民族历史实践过程中的,反映中国人民独有价值理念的一切精神文化成果的总和。中国精神贯穿于中华民族五千年历史、积蕴于近现代中华民族复兴历程,特别是在当代中国快速崛起中迸发出来的具有很强的民族集聚、动员与感召效应的精神及其气象。2013年3月17日,习近平在第十二届全国人民代表大会第一次会议闭幕会上讲道:"实现中国梦必须弘扬中国精神。这就是以爱国主义为核心的民族精神,以改革创新为核心的时代精神。这种精神是凝心聚力的兴国之魂、强国之魂。"[①]

以爱国主义为核心的民族精神是中国精神的重要内涵之一。民族精神是指一个民族在长期共同生活和社会实践中形成的,为本民族大多数成员所认同的价值取向、思维方式、道德规范、精神气质的总和。一个缺乏民族精神的民族,不可能自立于世界民族之林。在五千多年的发展中,中华民族形成了以爱国主义为核心的伟大创造精神,伟大奋斗精神,伟大团结精神,伟大梦想精神。爱国主义精神在中国精神里位于首位,突显了中国精神的民族属性,即中国精神不是其他民族的精神,而是中华民族自己的精神。

---

① 习近平:《习近平谈治国理政》第1卷,外文出版社2018年版,第40页。

很显然,提倡这样的中国精神旨在确保中国人民能够传承本民族的内在精神特质,防止因为世界形势的变化而丢失自我。

以改革创新为核心的民族精神是中国精神的重要内涵之一。时代精神是时代发展的产物,是人类文明在每一个时代的精神体现。随着改革开放和中国特色社会主义事业不断发展,改革创新成为当代中国的最强音。改革创新精神使得中华民族在历经发展的停滞后再次迸发出勃勃生机与不竭动力。凭借改革创新精神,中国人民在中国共产党的领导下实现了几十年的经济高速发展,突破了国外的科技发展封锁,进入了国际舞台的核心位置,迈上了中华民族伟大复兴的历史征程。改革创新作为中国精神的核心内容,与爱国主义精神交相辉映,共同构成了中国精神的基本内涵。如果说爱国主义精神解决了"我之所以为我"的问题,那么改革创新精神解决了"我如何为我"的问题,即一个是民族认同问题,一个是民族发展问题。改革创新精神在中国社会主义建设的各个领域都起着重要的作用,是推动中华民族进步的不竭动力,同时也是党和国家建设事业发展壮大的重要保证。

深刻理解中国精神的基本内涵,需要把握两点。第一,中国精神的内核是稳定的,但是中国精神的具体内容是不断发展变化的,不断丰富的。中国精神作为一种概念表达,是对中华民族长期历史演变过程中所有精神的核心内容的概括。因此,从方法论的视角来看,在构筑或者培育中国精神上,我们要把握中国精神在社会实践中呈现出的历史性与现实性,即中国精神是由一系列具体的精神、具体的典故联结在一起的,其具体的内容层次是极其丰富的。不同历史时期、不同历史事件中展现出来的精神,共同汇聚成我们现在所说的中国精神。这就为将新时期产生的具体的民族精神与时代精神成果纳入到中国精神的内容体系提供了理论基础。第二,民族精神与时代精神是可以相互转换的。历史上的民族精神是当时那个时代的时代精神,同样的当下的时代精神也可以转化为未来的民族精神。光有民族精神没有时代精神,民族精神不可能持续演进,民族发展的动力也将失去;同样的,光有时代精神没有民族精神,时代精神将失去主体,精神发展的依托也将消失。因此,理解民族精神与时代精神必须把握其中的辩证关系,认识到民族精神与时代精神主体是一致的,两种精神本质上都是关于中华民族的自我构建、自我发展,属于一种精神的两个方面。

南水北调精神是南水北调工程实践的产物,蕴含着舍家为国的爱国主义精神与精益求精的时代精神,是中国精神在当代中国的具体展现。依据中国精神的基本内涵,可以得出弘扬南水北调精神有助于构筑中国精神的丰富内容。

二、南水北调精神是中国精神的当代体现

南水北调工程作为一项跨越了半个多世纪的宏大水利工程,贯穿了社会主义革命和建设时期、改革开放新时期。从时间维度来看,孕育于南水北调工程中的南水北调精神是中国精神的当代体现。从精神的种属关系上看,南水北调精神属于中国精神的重要组成部分。

移民舍家为国的行动是爱国主义精神的生动彰显。南水北调工程是一项极其浩大的水利工程,也是到目前为止世界上最大的水利工程。如此庞大的工程必然会涉及诸多的利益调整,如何处理个人利益与集体利益、区域利益与整体利益之间的关系,考验着工程沿线的人民。为了使这项伟大工程能够顺利推进,好几代中华儿女怀着建设祖国的伟大愿景舍小家为大家,主动为工程建设让路,服从党和国家的发展大计,用他们的报国之志推动南水北调工程的开工建设。而其中最能够代表工程沿线人民舍家为国的群

体当属移民群体,他们的伟大选择彰显了超越时空的来源于中华民族最心底的爱国之情。

理解南水北调工程移民的爱国精神,还可回顾南水北调中线建设过程中河南省南阳市淅川县三次移民经历。忘却移民史,将难以从真正意义上感悟移民群众的来自灵魂深处的朴素而又高贵的爱国之情。在南水北调中线工程的历史上,河南省南阳市淅川县曾经有过三次移民,分别是 20 世纪 60 年代初的移民青海、20 世纪 60 年代中后的移民湖北、20 世纪初的新世纪移民。其中前两次移民工作,因为当时国家国力和经验不足,导致这两次移民工作留有遗憾。即使如此,在这两次移民过程中,广大人民群众依然满怀热情、深明大义、顾全大局、全力支持国家的发展建设。1959 年 1 月,南阳召开专题会议动员支边,淅川县分配了 8000 个名额。会议消息出来之后,淅川县许多热血青年积极响应,踊跃报名。短短几天,报名人数就达到了 34893 人。由此,可以看出当时淅川县的人民群众对支援国家发展建设的热情。

2009 年新世纪移民工作启动,在这次移民过程中淅川县人民舍家为国的精神得到了充分的展现。虽然前两次移民给当地人民群众带来一定的心理障碍,但是在国家发展大局面前,淅川人民依然顾全大局。淅川县的何兆胜老人在听到需要第三次移民的时候,平静地说道:"我对搬迁可没啥顾虑。你舍不得可不行,就是金坑银坑,国家需要你搬,你的小利益还能不服从大利益?""只要对国家利益大,再让我搬家,我也会继续搬的。"像何兆胜这样的移民群众还有很多,他们代表了淅川人民对移民工程的态度。2009 年 6 月,新时期库区移民搬迁工作正式开始,16 万河南淅川县与 18 多湖北十堰市库区移民一起,走上了新的移民之路。第三次移民党和政府进行了周密的安排,移民群众也为移民工作作出了很多牺牲。一是故土家园的离别。安土重迁是中国人的传统,人民对生活已久的家园有着深厚的情感与依恋。对移民群众而言,搬迁意味着远离父母祖辈生活过的地方,意味着远离从小到大成长的地方,意味着告别相处了几十年的乡里乡亲。从淅川搬迁到河南其他地方、隔壁的湖北地区,看着一座座祖辈的坟墓、亲手搭建的漂亮房子、辛辛苦苦开垦的粮田被水淹没,淅川人民有着万般不舍。淅川县滔河乡文坑村渔民杨静在驾船到河中心祭拜屈原和河神后,对自己的孩子说道:"娃,这水上就是咱的老家,咱们干了几十年的渔民,就是走到天涯海角,都不要忘了生咱养咱的这一条江水啊!"纵使难以割舍,淅川人民也毅然决然地选择服从大局。二是乡风习俗的中断。传统中国,尤其是在农村地区往往存在着传承了数千年的文化习俗。对移民区的百姓而言,这些文化习俗产生于养育他们的古老大地,寄托着他们对生活的美好希冀。移民搬迁使得淅川人民不得不面对独具特色的乡风乡俗中断的问题。没有了相应的自然环境,乡风习俗容易失去存在的土壤。在淅川县香花镇张义岗村一带有着一个独特的习俗,是一种叫作"卸锁子"的成人礼。在那个村男孩子出生后需要戴一个银项圈,从第一个生日开始,每年的生日,家人要在银项圈上拴一条红布,叫上锁子,象征把孩子锁住了,可以消灾,辟邪,保佑孩子平安,一直拴到12岁。到了12岁生日那天,家里亲朋好友一起,抬着三牲(猪、牛、羊),抬着菜,来到丹江边,点香,跪拜,放鞭炮。12岁的孩子对着丹江磕头,然后让父母将银项圈上的红布一条一条剪下放入蜡剪纸做的小船。父母将小船放入丹江,口中同时念道:"顺风船,顺水行,放走一条过江龙。"之后便是开始宴席,宴席结束后再将吃剩的菜肴倒入江中,鱼儿越多意味着越吉祥。但是由于移民搬迁,这种传承了千年的习俗就这样断了。三是经济利益的出让。淅川县香花镇有着"小香港"的美称,曾经是全国著名的小辣椒产地,每年出口的干辣椒一度占全国市场的40%。不仅如此,香花镇形成了渔业、餐饮业、旅游业一体化的产业结构,刘楼村更是其中典型。刘楼村共有网箱 6200 个,渔船游艇近 900 艘,数十家渔家饭店。这些产业链给香花镇百姓带来了丰厚的收益,香花镇也成了远近闻名的富裕乡镇。搬迁刚要启动的时候,面对辛辛苦苦创建的产业,香花镇百姓心里难以割舍。但是在认真思考后,香花镇人民还是选择了在搬迁协议上签字,用实际行动支持了国家发展大计。因为丹江口水库水质保护需要,淅川县一度关闭了上百家的企业,短时间内导致县财政收入大幅度滑坡。但也正因为如此,更反映出淅川人民真切的、深厚的爱国情感。

建设者精益求精的工作是改革创新精神的真实展现。改革创新精神作为中国精神的重要内核在南水北调工程的建设中得到了淋漓尽致的展现。南水北调工程建设的周期及其难度决定了工程建设的各项指标必须以严格的标准予以落实,任何的偏差都可能导致工程的建设功亏一篑。在南水北调工程的勘探设计、移民搬迁、建设施工、运营管理过程中,建设者们需要面对各种挑战、各种进度、各种突发事件。这些问题有的是老问题,有的是新问题,有的是技术问题,有的是政策问题,有的是自然问题,有的是人为问题,种种问题都需要建设者以精益求精的工作予以解决。

一般而言,南水北调建设者的精益求精体现在技术上的求是创新与政策上的周全稳妥。作为世界上最大的调水工程,南水北调工程的开工建设与推进必然存在许多技术难题。面对诸多的重大技术问题,南水北调工程的建设者往往集中力量、分工合作、全力攻关,以求是创新的姿态攻克工程建设过程中的技术难题。如丹江口大坝加固加高工程,需要在几十年前浇筑好的大坝基础上继续增加大坝高度,但是由于时代久远及施工的技术差异,容易导致新老混凝土之间出现结合问题。解决这个问题在当时没有现成的例子可以参考，只能靠中国的科研和技术人员的认真钻研。葛洲坝集团公司为研究解决大坝加高工程新老混凝土结合技术难题，成立了由 10 多位专家组成的大坝加高技术委员会，开展技术攻关，最终在此项目上取得了多项科技成果，为大坝加高工程提供了有力的技术支撑。南水北调工程施工过程中，通过科研人员与技术人员孜孜不倦的技术攻关解决的技术难题还有很多，比较有代表性的包括南水北调中线建设中的穿黄隧道工程、穿黄竖井工程、湍河渡槽工程等等。

南水北调建设者的精益求精还体现在移民政策的周全稳妥。如前所述，南水北调工程建设史上有过三次移民，其中前两次移民呈现出"重工作、轻移民、轻安置、轻生活、低补偿"的特点。为了使第三次移民工作取得圆满成功，南水北调的建设者们认真总结历史教训，积极开展调研，统筹国情、省情、民情，努力实现"搬得出、稳得住、能发展、可致富"的移民工作效果。一是确定了以人为本的移民搬迁政策。移民干部努力贯彻这一政策，想移民之所想，消除移民思想负担，减少移民经济损失，慰问移民群众，解决移民发展的后顾之忧。二是不辞辛劳，周密安排。淅川县坚持把移民搬迁作为一项政治任务，顽强拼搏、攻坚克难，先后投入 110 多万人次、出动车辆 10 多万车次、架设供电线路 3753 公里、维修道路 284公里、开展医疗服务 2.6 万次，移民搬迁总里程 10 万多公里，圆满完成了河南省委省政府提出的"四年任务，两年完成"的目标任务。① 三是完善了补偿机制。2005 年 6 月 8 日，国务院南水北调工程建设委员会办公室印发《南水北调工程建设征地补偿和移民安置资金管理办法》，对资金的筹集、使用、管理、监督有了明确的规定。相对于 20 世纪迁往青海和大柴湖，新世纪移民补偿政策

---

① 刘道兴：《南水北调精神初探》，人民出版社 2017 年版，第 71 页。

的制定上、资金的补偿程度上、补偿覆盖面上都有了极大的改善与提升。以移民个人补偿为例,补偿范围涉及农村居民征房补偿、城镇居民住房补偿、附属建筑物补偿、移民搬迁补偿、零星果木补偿、移民新村厕所补偿、沼气池补偿、过渡性生活补贴、渔船渔具补偿、坟墓迁移补偿。不仅如此,搬迁后移民还享受 20 年的后续生活补贴。可以说,新世纪的移民工作总结了经验,吸取了教训,创新了工作方法,赢得了百姓的信任,是改革创新精神的真实展现。

三、弘扬南水北调精神利于构筑中国精神的丰富内容

中国精神生成于中华民族形成、发展、壮大的历史过程之中,是中国人民的生产生活在精神世界的凝聚表现。中国精神的具体内涵随着时代的变化而日益丰满充实,不同历史时期的中国人都为中国精神内核的凝实贡献了相应的精神成分。南水北调精神是中国人在社会主义历史条件下的实践产物,弘扬南水北调精神有助于构筑中国精神的丰富内容。

首先,弘扬南水北调精神将利于构筑中国精神丰富的内容层次。马克思主义认为,"一切精神都是时代的产物",中国精神是对不同时代精神成果内在核心的抽象概括,具有时空的跨越性。但是每一个时代的精神成果都有其产生的特定时空、特定主体,并拥有特定的主题,因而具有特殊性。由于历史发展的过程是极其复杂的,这就决定了不同的发展阶段、不同的历史事件,不同的价值立场会使得中国精神具体的内容层次丰富起来。南水北调精神是当代中国社会实践的产物,是中国精神在具体历史条件下的现实表现。

社会实践的内在结构决定精神的样态。由于南水北调工程周

期长、难度大、参与人数多、跨越地区广、影响深远,因而南水北调精神其具体的内容层次也是极其丰富的,囊括了政治、经济、科技、生态等诸多方面的内容。首先,南水北调精神是一种民族复兴精神。南水北调工程的提出者毛泽东,从国家发展大计的高度构想了南水北调工程,这一构想体现了一代伟人对国家发展、人民幸福、民族振兴的期待。不仅如此,从百废待兴的新中国初年到奋力发展的新世纪初年,南水北调工程的历代建设者、不同历史时期移民群众怀揣着建设强大祖国的梦想,对这项利在千秋的工程予以支持。南水北调精神体现了社会主义制度的制度优势。社会主义制度是一种集中力量办大事的制度,有着鲜明的集体主义价值取向。集中力量办大事的社会主义制度优越性推动着南水北调工程这一宏大的实践,为中国精神注入了不同于以往的制度内质。南水北调精神是一种移民精神。国家发展以民为本,民安则邦固。移民安迁是南水北调工程顺利开展的大前提。没有移民群众的顺利搬移,南水北调工程都难以称得上成功。在南水北调过程中,广大移民群众深明大义,服从大局,舍家为国,充分展现了新时期的移民精神。南水北调精神是一种水利精神。中国精神的构成需要有标杆意义的精神成果,而重大精神成果往往形成于重大社会实践。南水北调工程就属于重大社会实践,并孕育出了忠诚、干净、担当、科学、求实、创新的水利精神。南水北调精神蕴含着工匠精神。工匠精神是改革创新精神在技术领域的具体展现,其核心是在技术工作中融入了更高的价值追求。南水北调工程建设过程中一批又一批的技术人员孜孜不倦、精益求精地攻克技术难题,将南水北调工程打造成水利建设史上的杰出作品。2021 年 5 月 14 日习近平总书记在河南南阳市淅川县考察南水北调工程时就赞叹道:"建设过程高质高效、运行也很顺利。体现了中国速度、工匠精神、科学家精神。"①南水北调精神融入了生态精神。在南水北调工程的建设过程中,保护丹江口水源地水质、恢复工程沿线城市生态环境、走绿色发展道路等都体现了生态主义的思想,这些思想最终融入了南水北调精神。综而述之,弘扬南水北调精神可以从不同维度丰富中国精神的内容层次,使中国精神在人民群众中变得可知可感、清晰具体并富有群体针对性。

其次,弘扬南水北调精神将利于构筑中国精神的精神谱系。中国精神是由不同历史时期的民族精神和时代精神联结在一起,形成一张完整的谱系,并且这张谱系的内容随着时空的不断推进而不断发展。中华民族历史悠久,是世界上唯一文明发展没有中断的民族,因而中国精神的时空谱系深远而广大。将中国精神的时空谱系完整地描绘出来,是了解中华民族精神演进的必要步骤。南水北调精神是当代中国在社会主义初级阶段实践的产物,是新时代奋斗精神的重要体现,有着多重的时空维度,可以分离出不同维度的时空谱系。第一,弘扬南水北调精神可以丰富以艰苦奋斗为轴线的精神谱系。艰苦奋斗精神是中华民族在长期艰苦卓绝的实践锻炼中形成的宝贵精神财富,也是中国共产党人带领中国人民取得革命、建设、改革成功的重要动力。艰苦奋斗精神体现在不同时期的不同精神成果中。新民主革命时期井冈山精神、延安精神、长征精神,社会主义改造时期的铁人精神、雷锋精神、焦裕禄精神,改革开放时期的载人航天精神、汶川抗震救灾精神,等等,都蕴含着艰苦奋斗的内容。艰苦奋斗精神同样体现在南水北调精神之中,勘察队伍带着有限的装备深入人迹稀少的高原地带,成千上万的工程建设者夜以继日、挥汗如雨在工地上作业,许许多多的基层

---

① 《"中华民族的世纪创举"——记习近平总书记在河南专题调研南水北调并召开座谈会》,《人民日报》2021 年 5 月 16 日,第 1 版。

干部坚守在移民搬迁一线。因此,弘扬南水北调精神可以丰富以艰苦奋斗为轴线的中华民族精神谱系。第二,弘扬南水北调精神可以完善以科技创新为轴线的精神谱系。科技创新精神是人类在社会实践中尤其是进入工业文明后形成的精神。党领导中国人民进行社会主义建设的过程中涌现了一些典型的科技创新精神,如"两弹一星"精神,载人航天精神等。当前我国科技创新精神一时难以满足国家建设发展的需要,因而需要完善我国科技创新精神的谱系。南水北调工程建设攻克了诸多的技术难关,其中最为突出的技术难关有穿黄工程、沙河大渡槽、平顶山西暗渠工程等,在这些工程中都体现了中国科研人员与技术专家科技创新的精神。以穿黄工程为例,穿黄工程是当前人类历史上最宏大的江河穿越工程,我国采用了德国生产的盾构机进行穿越,但是工程行进不到一千米,就出现了问题,需要检修。德国厂家到现场后,开出了高价维修费用,让中方无法接受。于是项目部决定集中技术人员,开展技术攻关。最终,经过一个多月的分析、研究、实验之后,给出了保险的解决方案,顺利推进工程。因此,弘扬南水北调精神可以完善以科技创新为轴线的精神谱系。第三,弘扬南水北调精神可以构建以生态环保为轴线的精神谱系。和谐共生是南水北调精神的重要内涵,这种和谐共生既有社会层面上的相互协调,同时也有自然层面上的和谐美丽。随着中国社会主义现代化的推进,生态建设纳入到了中国特色社会主义建设的总布局。培养环境保护意识,养成环境保护行为成为公民教育的重点内容之一,而这些都需要生态环保精神的引导。目前我国学界对生态环保精神谱系的完善是极为不足的,需要加以补足乃至构建。南水北调工程建设过程中水源地森林植被的养护、河流湖泊生物多样性的恢复、污染性企业的关闭等行为都体现了鲜明的生态环保精神。因此,弘扬南水北调精神可以构建以生态环保为轴线的精神谱系。

第二节　厚植社会主义核心价值观

社会主义核心价值观的培育与践行是中国特色社会主义建设的重要内容之一。价值观的培育需要一定的精神滋养。由于南水北调精神是社会主义核心价值观的生动诠释，因此弘扬南水北调精神可以厚植社会主义核心价值观，具体包括：为社会主义核心价值观培育构建立体的时空体验，为社会主义核心价值观培育供给全面的精神资源，为社会主义核心价值观培育构建共振的文化环境。

一、社会主义核心价值观的基本内容

价值观是基于人的一定的思维感官之上形成的认知、理解、判断或抉择系统，任何一个人或者社会群体都有其一定的价值观。价值观的形成与个体或者群体在长期实践过程中关于自我需求与客观实在之间满足关系有关。当一定的个体成长到一定阶段或者一定的社会发展到了一定程度，就会提出相应的价值诉求与价值要求。社会主义价值观是指社会主义国家的公民在社会主义国家建设过程中形成的价值理念和价值要求，表现为一定的价值体系，其中社会主义核心价值观是社会主义价值体系的集中表达。

社会主义核心价值观内容上的确定，历经了一个较长的过程。在这里我们需要强调，社会主义核心价值观的内容与概念的提出是不同步的。社会主义核心价值观的内容伴随着社会主义建设实践而逐渐生成的，但是不一定被实践主体所及时、精准、全面地认知、理解、判断、确定。社会主义核心价值观概念的提出，则是伴随

着中国特色社会主义实践的不断深入,实践主体对中国特色社会主义建设认识的不断加深,最后才实现了对社会主义核心价值观内涵清晰且精准概括。2012 年 11 月,中共十八大报告明确提出"三个倡导",即"倡导富强、民主、文明、和谐,倡导自由、平等、公正、法治,倡导爱国、敬业、诚信、友善,积极培育社会主义核心价值观",即是对社会主义核心价值观的最新概括。这"三个倡导"其实是社会主义核心价值观在国家、社会、个人三个层面上的内容。"富强、民主、文明、和谐",是我国社会主义现代化国家的建设目标,在社会主义核心价值观中居于最高层次,对其他层次的价值具有统领作用。富强是国家建设的整体性目标,代表着中国人民对国家强盛的渴望;民主反映的是社会主义国家的人民立场;文明体现了国家的文化状态有了较高水平;和谐意味着国家不同领域、不同地区、不同群体等之间的融洽协调。"自由、平等、公正、法治",是对美好社会的生动表述,是对中国特色社会主义社会基本属性的反映。自由是指人的意志、生存、发展的自由;平等体现了人在社会制度面前是平等的;公正是指社会的公平与正义;法治是指治理国家的基本方式。"爱国、敬业、诚信、友善",是公民道德基本规范,覆盖了公民道德领域的多个方面。爱国是阶级社会中公民对本国的深厚依赖,要求公民热爱祖国,报效祖国;敬业是指公民对所从事职业的认同与投入,要求公民忠于职守,克己奉公,服务社会,服务人民;诚信是诚实守信,要求公民信守承诺、诚恳待人;友善是指人际关系的友善互助,要求人与人之间的相互帮助、友爱相处。社会主义核心价值观三个层面的内容为中国社会发展实践提供了基本的价值遵循,引领着社会主义文化的发展建设。

价值观是文化的核心,是精神的根脉和灵魂。南水北调精神是形成于南水北调工程实践中的民族精神与时代精神,虽然其形成过程与社会主义核心价值观的提出时间不完全一致,但是根据前面的论述可知,生成于社会主义建设实践的核心价值观一直支配或者影响着南水北调精神的衍生与凝结。通过对比南水北调精神的内涵与社会主义核心价值观的内容,可以发现南水北调精神其具体的精神内涵生动诠释了社会主义核心价值观。因此,弘扬南水北调精神利于厚植社会主义核心价值观。

二、南水北调精神是社会主义核心价值观的生动诠释

"经济基础决定上层建筑",1956 年社会主义三大改造为社会主义核心价值观的生成奠定了经济基础。从此以后,中国社会实践过程中孕育的精神成果无可避免地要受到社会主义核心价值观的支配。南水北调工程作为社会主义中国的一项重要实践活动,孕育于其中的南水北调精神很好地践行了社会主义核心价值观,同时也是社会主义核心价值观于精神现象中的生动诠释。

艰苦奋斗、精益求精精神是社会主义核心价值观的生动诠释。我国是世界上最大的发展中国家,同时社会发展程度还处在社会主义初级阶段。社会主义初级阶段的经济基础决定了我国社会主义核心价值观在个人层面上必须提倡"敬业"。在现实生活中,"敬业"这种价值观具体表现为艰苦奋斗精神与精益求精精神。改革开放以来,中国人民这种艰苦奋斗与精益求精的精神在社会主义现代化建设中形成了极强的优势,使中国获得了"世界工厂""基建狂魔"的称呼。在南水北调工程的建设过程中,艰苦奋斗精神与精益求精精神贯穿全程,很好地诠释了"敬业"这一社会主义核心价值观。

南水北调工程作为世界上规模最大的调水工程、世界距离最长的调水工程、世界上受益人口最多的调水工程、世界水利移民史上移动搬迁强度最大的调水工程,其完成离不开艰苦奋斗精神与

精益求精精神。"南水北调"这一设想是否具有科学性,需要进行实地考察论证。从 1952 年开始,几代中国水利工程人员在接下来的半个多世纪里 30 多次进行水文、地形、气象的相关探测,在人迹罕见的雪域高原、崇山峻岭,科研队员不得不面对地形复杂、交通不便、气候环境恶劣乃至突发的地质灾害。即使如此,在一代又一代的科研人员艰苦奋斗下,上万平方公里地形测绘、地形测量,上万公里线路查勘工作得以完成。南水北调工程的开工建设更是体现了中国人民的艰苦奋斗精神。在国力贫弱,高度机械化远没有实现的 1958 年,10 万大军聚集在丹江口水库的工地上,自带干粮,喝泥巴水,吃红薯干,手拉肩扛,昼夜不停地奋战在建设工地上。为了实现移民搬迁的顺利,广大移民干部夜以继日奋斗在移民搬迁第一线。他们身先士卒、直面矛盾、攻坚克难。不仅如此,从南水北调工程的规划、工程质量的管理到施工作业的要求,精益求精的精神得以淋漓尽致地展现。以工程的规划论证为例,在南水北调工程的总体规划方面,经历了长达半个世纪的科学论证,各级人大代表、政协委员提出大量意见,专家学者层层审查论证,举办了 90 多次专家会议,与会专家 6000 多人次。[①]

　　舍家为国精神是社会主义核心价值观的生动诠释。在中国人传统的观念里,国与家是不分的,家是千万国,国是千万家。基于这种独特的家国情怀,中华民族在大是大非面前往往能够深明大义、顾全大局,很好地处理了"大家"与"小家"、"忠"与"孝"的关系。在长期的历史实践与文化教育中,爱国情怀已经融入中国人的价值内核当中去了。中国特色社会主义制度环境下,"爱国"是社会主义核心价值观在个人层面上的第一位的内容,继续引领着广大中国人民建设国家。在南水北调工程移民搬迁过程中,舍家为国

---

① 刘道兴:《南水北调精神初探》,人民出版社 2017 年版,第 71 页。

精神生动诠释了社会主义核心价值观。

安土重迁是中国百姓的一种心理特征和文化倾向,对于老百姓而言远离故土、割舍亲情、损毁财物、切断习俗,每一件都是难以抉择的事情。然而,每当遇到大是大非的问题,中国百姓往往选择舍家为国,用自己的让步换取国家、民族的巨大进步乃至腾飞。2015 年,习近平总书记在新年贺词中对南水北调工程给予了充分肯定和高度评价,他说:"沿线 40 多万人移民搬迁,为这个过程做出了无私奉献,我们要向他们表示敬意,希望他们在新的家园生活幸福。"①河南淅川县的何兆胜老人,是舍家为国精神的典范。几十年间,他曾为了南水北调工程建设前后三次搬迁。2011 年 6月,何兆胜一家再次从淅川搬迁到五百公里之外的新乡辉县移民新村,对于此次移民的看法,何兆胜老人简短但坚决地回答道:"这都是为了国家",却已经说明了老人对移民工作的坚定支持。像何兆胜这样的老移民还有很多,他们将对故土的爱升华为对国家的爱,生动地诠释了社会主义核心价值观。

和谐共生精神是社会主义核心价值观的生动诠释。"和谐"是社会主义核心价值观的重要内容,也是社会建设所要达到的良性状态。"和谐"是指事物内部因素配合匀称、适当、协调、平衡的状态。社会和谐,是指社会关系中的各种要素相互依存、相互协调、相互促进的状态。主要表现为人际关系和谐、人与社会关系和谐、人与自然和谐、人自身和谐。当和谐作为一种价值观时,和谐是实践过程中生成的用于衡量内在价值与外在属性之间契合度的价值判断,当然也是实践中需要达到的价值状态。由于和谐这一价值观生成于人类的实践,以内在价值与外在属性契合度为标准,这就决定了和谐的实现需要实践。南水北调工程实践在一定程度上解

---

① 《国家主席习近平发表二〇一五年新年贺词》,《人民日报》2015 年 1 月 1 日,第 1 版。

决了人与自然、人与社会之间的矛盾，并且孕育了和谐共生的精神，很好地诠释了社会主义核心价值观中的"和谐"。

南水北调工程的建设目标就是着力解决"南方水多北方水少"的问题。我国北方地区总体处于干旱或者半干旱地区，"口渴"问题困扰着好几亿的北方人民。正是在这种情况下，南水北调工程被毛泽东提了出来。像西气东输工程一样，南水北调工程也是为了调节地区之间的自然资源供需关系而建设的。南水北调工程的建设将南方富余的水资源调入到北方缺水地区，缓和了北方地区水资源紧张局面，实现了南方与北方之间水资源的区域相对平衡。工程沿线的老百姓也十分理解这项工程的战略性价值，对工程给予了大力支持。河南淅川县盛湾镇姚营村 91 岁老人在被问到是否愿意搬迁的时候，回答道"北京渴！南水北调"，显然老人明白"同是中国人，共饮一江水"道理。在南水北调工程的建设过程中，政府、建设者、群众也极为重视对生态环境的修复和生态城市的建设。山东省在南水的滋养下，许多湖泊、河流的生态环境得到了改善，生物多样性得以恢复。河南郑州、许昌等地级市则充分利用南水输入的机会，开展生态城市建设，实现了人与自然的和谐共生。

三、弘扬南水北调精神利于厚植社会主义核心价值观

南水北调精神是孕育于南水北调工程实践中的时代精神和民族精神，决定了其在培育社会主义核心价值观方面有着特有的价值意蕴，具体包括：为社会主义核心价值观培育构建立体的时空体验，为社会主义核心价值观培育供给全面的精神资源，为社会主义核心价值观培育构建共振的文化环境。

弘扬南水北调精神可以为社会主义核心价值观培育构建立体

的时空体验。马克思认为,"我们的出发点是从事实际活动的人,而且从他们的现实生活过程中我们还可以揭示出这一生活过程在意识形态上的反射和回声的发展。"①现实中的人对现实活动的时空体验度,直接关乎核心价值的内在生成效果。南水北调工程因其建设空间的广泛性、时间跨度的长久性参与者和见证者的众多性,决定了弘扬南水北调精神在培育社会主义核心价值观中可以带来时空体验的立体优势。

从空间维度看来,南水北调工程是一项重大的战略性基础设施工程。整个工程横穿长江、淮河、黄河、海河四大流域,总调水规模 448 亿立方米,供水面积 145 万平方公里,受益人口 4.38 亿人。其中东线工程穿越了江苏、山东、河北几个省份,中线工程横跨了湖北、河南、河北、天津、北京几个省份。工程的浩大性不可避免地对工程覆盖范围内的自然环境、人文环境打上深深的历史烙印。从时间维度看来,南水北调工程一定程度上实现了工程建设周期、南水北调精神全面形成期、社会主义核心价值观由内涵拓展向新内涵确定的发展期、中国特色社会主义建设迈向中华民族伟大复兴的快速积累期、"80 后""90 后"青年成长期的重合同步。由此可见,用南水北调精神在厚植社会主义核心价值观上有着天然的时空优势。需要指出的是,时空优势需要转化为时空体验优势。

时空体验优势的实现,依赖于历史的参与者和见证者的历史感。南水北调工程从提出到实施,党和国家领导人做出了重要指示;科研部门和科研工作者进行了长期论证;沿线省委省政府、地方政府开展了积极动员工作;一线建设者挥洒了大量汗水;沿线百姓迁出了故土家园。历史除了参与者,还有见证者。南水北调东线、中线工程是在中国人民共同见证下完成的,获得了全国人民热

---

① 《马克思恩格斯全集》第 3 卷,人民出版社 1960 年版,第 30 页。

切关注。人民群众在参与和见证南水北调这个"现实活动"的过程中,形成了兼有空间感和时代感的历史感。历史感的形成,使得弘扬南水北调精神以培育社会主义核心价值观时空体验的立体优势得以实现。

弘扬南水北调精神可以为社会主义核心价值观培育供给全面的精神资源。现实生活中的人总是在一定的具体的精神、文化资源的熏陶下,逐步凝结出一定的价值观。精神资源供给是否全面,影响着社会主义核心价值观的落实落细。南水北调精神因其实践主体的多元性、文化渊源多样性、价值内涵丰富性,决定了其在厚植社会主义核心价值观上可以提供全面的精神资源供给。

南水北调工程实践主体的多元性决定了南水北调精神是国家、社会、个人三个层面的综合体,这与社会主义核心价值观几乎是一一对应的。首先,南水北调作为一项民生工程,其直接出发点是改善北方地区居民的生产生活条件,实现广大人民群众的利益需求。在新世纪的移民搬迁过程中,也始终按照和谐共生的原则来开展工作。这些都契合了社会主义核心价值观在国家层面的内容。其次,南水北调工程的建设过程中,党和国家制定了一系列政策、法规用以处理社会问题,调动社会建设力量,如公正的移民补偿政策、严格的生态环境保护法规等。这种以社会治理的方式规范治理主体的行为,契合了社会主义核心价值观在社会层面上的内容。最后,南水北调建设过程中展现的舍家为国精神、精益求精精神与社会主义核心价值观个人层面的内容相契合。综而述之,南水北调精神在结构上为厚植社会主义核心价值观构建了精神资源供给的文化框架。

南水北调精神形成的文化渊源具有多样性。南水北调精神是传统文化、红色基因、现代民族品质的综合体。南水北调精神融入了"忧国忧民、心系国家"的楚汉风韵,并传承楚汉风韵"重视德业、勇于担当"的文化内核;吸纳了中原文化"兼容并蓄、刚柔相济、革故鼎新、生生不息"的人文特质。发扬了华夏文明"以民为本,本固国强"的治国善念,"创新求精"的精神品质。南水北调精神传承了坚定信念、不怕苦的战斗精神、自觉严格的革命纪律、为人民服务的根本宗旨等红色基因。南水北调精神同样也体现了宽容包容心态、妥协合作精神、开放创新理念、共识思维的现代民族品质。南水北调精神三种文化的继承,在内容上为厚植社会主义核心价值观,如"富强、民主、和谐、爱国、敬业"构建了精神供给的文化根基。

南水北调精神在价值内涵上具有丰富性。南水北调精神是制度文化、新发展理念、科学精神的综合体。南水北调工程是在中国共产党领导下的社会主义国家中进行的,工程的反复论证、决议拍板体现了社会主义民主集中的制度特点。作为世界上最大的水利工程之一,南水北调工程充分体现了社会主义国家集中力量办大事的制度优越性。工程建设过程中党员干部用秉公办事、按章执法、以理服人的作风,做好了利益牵涉甚广、矛盾纷繁复杂的移民工作。循此可知,社会主义国家制度文化充分体现在了南水北调工程之中。与此同时,南水北调工程有力践行了科学发展观的内容,客观上融入了新发展理念。创新发展、绿色发展、共享发展贯穿于南水北调工程始终,确保了经济效益、社会效益、环境效益之间的关系能够得到恰当处理。南水北调工程从论证规划、开工建设到市场运作能够按照事物发展的客观规律进行,以科学的真理性推动了事业的良性进展。南水北调精神三方面的价值内涵,在内容上为厚植社会主义核心价值观,如"民主、和谐、平等、公正、法治"构建了精神供给的文化根基。

弘扬南水北调精神可以为社会主义核心价值观培育构建共振的文化环境。社会主义核心价值观滋养在中国文化之中,良性健康的文化生态环境是其培育的重要基础。"同频共振"是良性文化生态环境构建的重要指标。鉴于南水北调精神与社会主义核心价值观在时空上具有同一性、在文化气质上具有一致性,用南水北调精神厚植社会主义核心价值观方面必将具有构建共振文化环境的优势。

南水北调精神与社会主义核心价值观属于同一时空下的两种文化事物。从对现实的人对现实的文化消费体验角度看,文化生态圈的构建在形式上不是跨时空的人为拼凑,而是客观存在的几种文化在同一时空内的相互作用。南水北调精神是当下的时代精神和民族精神,在共时性上有机会与社会主义核心价值观培育构成协同共效的局面。需要指出的是,南水北调精神弘扬过程中的共时性并不是否定以往的民族精神、时代精神在构建共振文化环境中的作用,我们应该看到的是南水北调精神与传统的中国文化、中国共产党人的精神是一脉相承的。

现实生活中各个主体存在利益的冲突性,同一时空下的文化不一定都对社会主义核心价值观培育起着促进作用。价值表现是否一致是决定两种不同文化理念能否和谐共融的重要文化依据。文化气质上,南水北调精神代表着中华民族团结一致、艰苦奋斗、积极向上的民族气概。社会主义核心价值观代表着国家发展所呈现出的繁荣、进取、文明的时代风貌。更为重要的是,二者从不同侧面为社会主义时代新人的培育发挥同向共力作用。所以,在全社会范围内弘扬南水北调精神可以增强人民对社会主义核心价值观的认同,丰厚社会主义核心价值观培育的文化土壤。反过来,社会主义核心价值观又为南水北调精神的弘扬提供了价值引领,使其在更深层次上符合文化建设需要。循上可知,弘扬南水北调精神以厚植社会主义核心价值观具备营造共振文化环境的优势。

第三节 助推美丽中国建设

党的十八大报告首次提出建设"美丽中国"这一重要建设目标,明确了中国特色社会生态文明建设目标在国家层面上的蓝图设计。南水北调工程是美丽中国建设的现实样板,南水北调精神蕴含的生态价值取向与治理思想对于美丽中国建设有着重要的助推作用。在方法论上,弘扬南水北调精神利于彰显美丽中国建设的奋斗底色,引领美丽中国建设的价值追求,分享美丽中国建设的宝贵经验。

一、美丽中国的基本概念

2012 年党的十八大报告指出:把生态文明建设纳入中国特色社会主义事业"五位一体"的总体布局,并首次把"美丽中国"作为生态文明建设的宏伟目标。"美丽中国"的内涵是对党的十六大以来,党中央相继提出走新型工业化发展道路,发展低碳经济、循环经济,建立资源节约型、环境友好型社会,建设创新型国家,建设生态文明等新的发展理念和战略举措的继承和发展。① "美丽中国"建设,其核心就是要按照生态文明要求,通过建设资源节约型、环境友好型社会,实现经济繁荣、生态良好、人民幸福。而建设生态文明,实质上就是要建设以资源环境承载力为基础、以自然规律为准则、以可持续发展为目标的资源节约型、环境友好型社会,实现

① 魏礼群:《当代中国社会大事典(1978—2015)》第 4 卷,华文出版社 2018 年版,第296 页。

人与自然、环境与经济、人与社会的和谐共生。[①]"美丽中国"这一概念是生态文明建设目标在国家层面上的形象设计,准确理解"美丽中国"基本概念,可以从国内与国际两个维度加以分析。

国内层面的"美丽中国"。如何看"美丽中国"这一建设目标在党的最高会议报告中被首次提出,值得深思。在很多人看来,美丽中国这一目标更多的是对中国原有的绿水青山的复归,也就是纯粹的自然生态观。这种认识产生有其历史背景,20世纪的国际产业大转移,作为发展中国家的中国和许多其他国家一样,承接了欧美发达国家的很多产业项目,而其中不乏高污染、高能耗型的产业。2001年中国加入WTO,中国进一步承接海外产业转移。几年以后,中国工业生产总值跃居世界第一。与此同时,生态环境问题日益凸显,短期内经济发展与生态保护不可避免地产生了冲突。基于此,在传统的生态观看来经济发展与自然环境保护必须要二元对立。所以,"美丽中国"就是要恢复绿水青山,放弃传统产业链。很显然,为了恢复自然环境而采取生产倒退的方式是不明智、不理性的,真正意义上理解"美丽中国"需要辩证地看待自然环境保护与经济发展之间的关系。经济发展与自然环境保护是辩证统一的。习近平总书记指出:"绿水青山就是金山银山","美丽中国"建设目标是实现人与自然、环境与经济、人与社会的和谐共生。从国内层面理解"美丽中国"的内涵,既要认识到自然环境的复归,更要辩证性地把握经济发展与自然环境保护之间的和谐统一。

国际层面的"美丽中国"。"美丽中国"是我国在全球范围内打造的生态国际形象,是面向国际塑造、传播生态形象的话语。中国作为日益迈进世界舞台中央的大国,在生态治理上的担当与作为

---

① 魏礼群:《当代中国社会大事典(1978—2015)》第4卷,华文出版社2018年版,第296页。

时刻引起其他国家的关注。首先可以看到,"美丽中国"是"美丽地球"建设的重要组成。全球生态环境的联系性决定了"美丽地球"建设需要世界上所有国家、地区共同参与生态治理,任何孤立主义都是"美丽地球"建设的绊脚石。中国幅员辽阔、人口众多、经济规模大,在国际生态治理中扮演极为重要的角色。我国是《巴黎协会》的积极推动者,认真履行减排承诺,大力发展可再生能源。根据 NASA2019 年的数据显示,中国过去十七年植被增加量位居全球首位。联合国官员盛赞中国生态环境改善的速度是"人类历史上最快的。"因此,"美丽中国"建设将是国际生态治理的重要组成部分。与此同时,"美丽中国"也是中国力求呈现在世界人民眼中的重要的国际形象之一。纵观新中国成立的历史,我国正处于从"站起来""富起来"向"强起来"的历史进程中,国际形象的塑造也要伴随着综合国力的攀升而提升。因此,理解"美丽中国"不能忽视其国际层面上的含义。

南水北调工程作为一项重大的水利工程,从世界范围看也是全球水利工程的一张"名片",其建设成就获得了其他国家专家的认可与赞赏。同时,南水北调工程也是一项生态工程,可以称得上是"美丽中国"建设的现实样板,其蕴含的生态价值取向与治理思想不容忽视。因而,弘扬南水北调精神可以将孕育于南水北调工程实践中的生态价值取向与治理理念更为广泛地传播开来,进而推进"美丽中国"的建设。

二、南水北调工程是美丽中国建设的现实样板

"美丽中国"建设目标的实现,需要依托重大建设项目。南水北调工程建成后,经过多年的运营,其在恢复沿线生态平衡上的作用日益显现,工程沿线城市的绿色发展之路也逐步成型。从"美丽中

国"建设的历史视角来看,南水北调工程是美丽中国建设的现实样板。

南水北调工程沿线生态恢复是美丽中国建设的重要成就。"美丽中国"建设最基础的目标就是恢复原有的自然环境。自然环境是"美丽中国"建设的基础性条件,没有这一基础性的先决条件,美丽中国建设将成为空谈。华北地区地处我国半干旱地区,年降水量难以满足人们生产生活需要。1999年以后,由于城市规模的日益扩大,工业与生活用水的剧增,华北地区水资源的供需矛盾更为突出。为了获得足够的水资源,人们只得向地下要水,结果导致华北地区地下水位不断走低,以北京为例,地下水埋深从2000年的15米下降到2014年的26米。不仅如此,由于地表水的过度使用,很多河流开始出现断流阻塞的情况。作为生态构建的基础元素水的缺失,导致华北地区自然环境不断恶化,表现为生物多样性减少、河道淤积阻塞、地下水水位下降、地表植被减少等。

南水北调工程运行后,平均每年调水总量为45亿立方米,为沿线城市提供了充足的生态用水。在南水的滋润下,受水区的生态环境日益改善,具体体现在:一是生物多样性明显恢复。在东、中线一期工程全面通水五年之后,除了满足一般的生活生产用水,还进行了专门的生态供水。在南水的润泽补给下,沿线部分河流、湖泊的水量增加、水域面积扩大,为生物多样性的恢复提供了基本条件。以山东省的南四湖为例,目前,200多种的鸟类在南四湖栖息繁衍,总数达到了15万只左右。不仅如此,一些多年未曾看到的鱼类再次出现在南四湖里面,比如小银鱼、毛刀鱼等,而更为珍稀的桃花水母也被发现了,堪称奇迹。南四湖水生态的改善还吸引了其他珍稀鸟类来栖息繁衍。二是地下水位明显回升。南水北调工程补水的作用使得沿线城市的地下水位得以回升。通水五年以来,从南方调往北方的水量高达几百亿立方米,有效地减少了北方城市对地下水的依赖,促进了区域地下水位的明显回升。根据

2019 年 5 月份的数据显示,北京市平原地区地下水埋深平均线比 2015 年同期回升 3.16 米。河南省受水区地下水位平均回升 0.95 米。三是河湖水量明显增加。截至 2019 年 11 月份,南水北调中线工程累计调水 255 亿立方米,对北方 30 余条河流进行生态补水,河湖水量明显增加。河北省 12 条天然河道得以阶段性恢复,白洋淀获得补水 2.22 亿立方米,瀑河水库新增水面 370 平方米。河南省焦作市龙源湖、濮阳市引黄调节水库、新乡市共产主义渠、漯河市颖县湖区湿地、邓州市湍河城区段、平顶山市白龟湖湿地公园、白龟山水库等河流水系水量明显增加。东线一期工程向山东省东平湖、南四湖分别进行应急生态补水 2.81 亿立方米。山东省通过东线一期工程为济南市小清河补水 2.4 亿立方米,向济南市保泉补源 0.58 亿立方米。江苏省利用东线一期工程向骆马湖补水,运行期间骆马湖水位由 21.87 米上升至 23.10 米,升高了 1.23 米。四是河湖水质明显提升。东线一期工程建设期间,通过治污工程及湖区周边水污染防治措施的实施,南四湖区域水污染治理取得显著成效。通水后,南四湖流域由于江水的持续补充,水面面积有效扩大,水质改善明显,输水水质一直稳定在Ⅲ类。中线一期工程华北地下水回补试点河段,通水期间水质普遍得到改善,上游河段水质多优于Ⅲ类水质,中下游河段水质改善 1—2 个类别。通过地下水回补,试点河段恢复了河流基本功能,改善了河流水体水质,效果明显。北京市利用南水向城市河湖补水,增加了水面面积,城市河湖水质明显改善。天津地表水质得到了明显好转,中心城区 4 条一级河道 8 个监测断面由补水前的Ⅲ类—Ⅳ类改善到Ⅱ类—Ⅲ类。[①] 由此可见,南水北调工程对生态恢复的作用是极为

---

① 《南水北调生态效益》,2019 年 12 月 10 日,中国水利(http://www. chinawater. com. cn/ztgz/xwzt/2019nsbdwzn/1/201912/t20191210_742072. html)。

显著的,是美丽中国建设的重要体现。

南水北调工程沿线绿色发展是美丽中国建设的重要体现。"美丽中国"建设需要解决社会发展与自然环境保护和谐统一问题,只有做到两者之间的和谐统一才能真正实现美丽中国建设的可持续。在南水北调工程的建设过程中,有许多体现了绿色发展理念的做法,很好地体现了美丽中国建设的内涵与方法论要求。

南水北调工程中生态农业初具规模。生态农业是依托当地山林地形、气候土壤形成的无公害农业发展模式。南水北调中线工程的开建,使得沿线很多产业不得不调整,许多企业也必须关闭。如何减少工程建设带来的经济损失,河南淅川县因地制宜,顺势而为,大力发展生态农业。该县是全国最大的辣椒集散地,河南最大的桑蚕生产基地。2018 年,全县总人口为 72.46 万人,其中农业人口 45.36 万人,全县辖 17 个乡镇(街道),499 个行政村。国土面积 2820.28 平方公里,现有耕地面积 102 万亩,年农作物播种面积 200 万亩左右。在政府的政策帮扶下,淅川县生态农业发展初具规模,特色产业发展态势良好。根据淅川县 2014 年的数据,该县特色农作物包括茶叶、金银花、辣椒、桑蚕、柑橘、核桃、花椒、软籽石榴及蔬菜在内的全年总产值约为 15 亿元,其中辣椒为主的蔬菜种植面积 15 万亩,桑园面积 4.5 万亩,柑橘面积 5 万亩,核桃面积 6.5 万亩,花椒面积 40 万亩,金银花 3.1 万亩,玫瑰花 0.6 万亩,小茴香 0.4 万亩,软籽石榴 1 万亩。与此同时,农产品加工业发展迅速。全县投资规模 500 万元以上的各类农产品加工企业 37 家,年总产值 22 亿。不仅如此,灵活多样且覆盖面广的 800 余家农民专业合作社如雨后春笋般发展起来,吸纳 1 万多户农民参与进来。南水北调工程中生态城建也独具一格。南水北调中线沿线有两座城市的生态城建非常具有代表性,由南至北分别是许昌市和郑州市。两个城市在南水的润泽之下,充分考虑生态、生产、生活的需要,并结合历史文化背景与现代娱乐消费倾向进行生态城建。在许昌市境内南水北调配套工程全长 125 公里,为许昌市带来了丰沛而又清澈的丹江水。以此为契机,许昌市精心打造出"五湖四海畔三川,两环一水润莲城"的市域生态水网,形成了以水为核心的纵横文化景观带。① 郑州市则围绕南水北调中线干渠建设一条贯穿五个主城区的绿色文化走廊,在景观设计上按照"一水、两带、五段、多园"的功能进行总体布局。不同城区景观定位各不相同,中原区展示"人、城、绿、商之间和谐共处",主题为"福地";二七区展示历史人物,主题为"朝圣";航空港区展示自身发展优势,主题为"科技";高新区侧重展示宜居环境,主题为"家园";管城区则融合传统与现代。南水北调工程中绿色科技产业竞相发展。中国特色社会主义现代化进程中的"美丽中国"建设需要依托经济发展方式的转型,而其中发展科技产业是转变经济发展方式,实现可以持续发展,满足人民日益增长的美好生活需要的最有效的途径。传统产业的关闭需要新兴科技产业的补足,丹江口库区水源地的各县顺应南水北调工程水源地保护的现实要求,关闭传统的污染企业,大力发展新兴产业以实现产业升级。河南淅川县引进 LED 高效节能灯、新能源、生物制药项目;陕西安康市打造循环经济,积极发展装备制造、电子信息、现代物流等新兴产业。2014 年国际天贸城落户安康,使得该市逐步发展为秦巴地区商贸物流中心。湖北十堰市则大力发展新型水资源项目,建成农夫山泉、武当山泉、洋河酒业等项目,吸引外来资本与技术,创建国家知识产权示范城和国家科技成果转化服务示范基地。综上所述,南水北调工程中绿色发展充分展现了美丽中国建设。

① 刘道兴:《南水北调精神初探》,人民出版社 2017 年版,第 176 页。

三、弘扬南水北调精神利于助推美丽中国建设

南水北调精神孕育于南水北调工程,南水北调工程的生态实践决定了南水北调精神和谐共生的生态内涵。美丽中国建设是一项重要的实践活动,需要有与之相适应的精神予以推进。弘扬南水北调精神,将有助于推进美丽中国建设。

弘扬南水北调精神有利于彰显美丽中国建设的奋斗底色。当人类进入工业社会以后,科学技术赋予了人类改造自然的强大力量,提升了人们的工作效率,但是我们也应该看到"懒人"思维的出现。面对传统社会中形成的艰苦奋斗精神,有些人嗤之以鼻,认为这种精神品质是落后穷困时期的产物。对此,在建设美丽中国的过程中我们不得不予以警醒,不得不彰显出美丽中国建设的奋斗底色。中国是世界上最大的发展中国家,正处于社会主义初级阶段,艰苦奋斗精神绝不能丢失。不仅现在不能丢,将来建成社会主义现代化强国后也不能丢。

美丽中国建设是中国共产党在总结中国社会发展建设的经验基础上提出的重大生态建设目标。实现这样的目标需要一代一代的人接力,习近平总书记曾经指出:"持之以恒推进生态文明建设,一代接着一代干,驰而不息,久久为功,努力形成人与自然和谐发展新格局"[1],"生态治理,道阻且长,行则将至。我们既要有只争朝夕的精神,更要有持之以恒的坚守"[2]。伟大事业的实现少不了求精创新的思维,但是艰苦奋斗的精神也不能缺席。在实现美丽中国建设目标的过程中要面对许多难题,要开启很多重大建设项

① 习近平:《习近平谈治国理政》第 2 卷,外文出版社 2017 年版,第 397 页。
② 习近平:《习近平谈治国理政》第 3 卷,外文出版社 2020 年版,第 375 页。

目,要进行广泛全球合作,这些问题的解决或者任务的完成都需要艰苦奋斗精神。因而,在美丽中国建设的过程中再次提倡艰苦奋斗精神非常必要。

在中国共产党人带领中国人民进行革命、建设、改革的征程中,形成了许多艰苦奋斗的精神,如南泥湾精神、铁人精神、红旗渠精神等等。历史上的艰苦奋斗精神滋养着当时的中国人民及后来者,鼓励他们不畏艰苦成就事业。在南水北调工程建设的过程中,艰苦奋斗的故事俯拾即是。从 1952 年毛泽东提出南水北调的构想到 2014 年中线工程的完工,长达半个多世纪的时间里,无数建设者奔赴建设工地。丹江口水库修建的时候,机械化程度还很低,很多时候只能肩挑手扛,磨破了双手,累疲了身子,但是依然没有压倒人民身上的建设热情,反倒是激发了赶工比赛。这种艰苦奋斗精神在移民搬迁的工作中也得到了体现。2009 年新世纪的移民搬迁规模大、牵涉的利益广,所以工作量巨大。政策宣讲、选取移民点、安排车辆、贯通路线、准备医疗资源、深入群众,每一个环节都聚集着基层移民干部的奋斗身影。美丽中国建设任务同样艰巨,绝非一朝一夕能完成的。因此,弘扬南水北调精神将在社会范围内营造艰苦奋斗之风,为美丽中国建设提亮奋斗底色。

弘扬南水北调精神利于引领美丽中国建设的价值追求。人类历史之所以不断往前发展,很重要的原因在于人们在实践过程中不困于当下,不限于实际,敢于攀登,基于现实而超越现实。用认识论的术语来讲,人们一直在处理真理与价值的关系。当我们认识自然界的规律后,人类总是努力发挥主观能动性,在正确处理现实与内在需求的关系中改造自然进而推动社会发展。这个实现过程既赋予了实践的动力,又关切了实践的价值落脚点,是具有超越性的定向加速状态。美丽中国建设目标是中国人民在立足中国发展实际,提出的关于未来社会建设的美好价值追求。

　　在推进美丽中国建设的过程中,需要以更高、更多维的价值视角看待美丽中国建设,激发实现价值目标的强大动力。弘扬南水北调精神,有利于引领建设者从多维的价值视角看待美丽中国建设。首先,南水北调工程不仅仅是一项水利工程,还是民生工程、生态工程。单从字面意思来看,很容易将南水北调工程简单地定性为水利工程,这样的定位很显然是不全面的。南水北调工程有着明确的民本定位,工程建设的最根本目的在于满足北方人民的用水需要。不仅如此,南水北调工程通过引南水济北方,很好地改善了北方城市的生态环境。因而,弘扬南水北调精神要全面立体地展现南水北调工程的价值,使美丽中国的建设者形成正确的、多维度的价值判定,进而在美丽中国的建设中发现更高的价值追求。其次,南水北调工程不仅仅是中国意义上的工程,还是世界意义上的工程。南水北调工程拥有多个“世界之最”:世界上规模最大的调水工程之一、世界上供水规模最大的调水工程之一、世界上距离最长的调水工程、世界上受益人口最多的调水工程,等等。中国是一个具有世界影响力的大国,美丽中国建设同样对世界环境的改善具有非凡意义。因而,弘扬南水北调精神要让美丽中国建设者看到南水北调工程在世界水利史上的地位与意义,培养后继者以世界眼光看待美丽中国建设的世界意义,尤其是以人类命运共同体的视角来发现美丽中国建设的国际价值。

　　弘扬南水北调精神利于分享美丽中国建设的宝贵经验。历史是由人创造的,人类不同时期、不同地域的实践活动具有相似性。这种实践活动的相似性决定了“经验”的用武之地。在认识论看来,“经验”实际是一种基于某种社会实践而形成的方法论、规制、程序等。“经验”的优点在于经验的使用可以省去很多摸索过程,提高工作效率,加快进度。美丽中国建设虽然是在党的十八大提出来的生态建设目标,但是相关的理念来源于过去的实践。在南水北调工程的建设过程中积累了许多关于生态建设、绿色发展、美丽城镇建设的经验,弘扬南水北调精神利于分享美丽中国建设的宝贵经验。

美丽中国建设的实现需要依托重大生态工程,而大型生态工程的建设容易引发利益冲突,产生技术难题,带来精神冲击。处理这些问题,可以汲取南水北调工程建设的宝贵经验。重大生态工程往往具有系统性,利益冲突是多方面的,包括人与自然、群体与群体、行业与行业、产业与产业、地域与地域等。南水北调工程建设者们在处理这些利益冲突的过程中,按照和谐共生的原则将矛盾最小化,寻求最大公约数,采用补充、替换、升级的方式来处理矛盾。以河南淅川县产业调整为例,该县直接关闭可能污染丹江口水源的企业,削减容易导致污染的企业数量。与此同时,因地制宜发展绿色农业,顺势而为引进高新产业,扭转了短期的经济下滑局面。重大生态工程需要面对一系列的技术难关。人类在改造自然过程中,将直接面对诸多的技术难题。比如围绕水资源的运用、开发、保护等技术问题,南水北调工程积累了许多经验。在推进美丽中国建设的过程中,可以分享相关的实验数据、提供水源地保护的方案、水资源运输管道的施工技术、地下水补给的变化规律、河流水质的改善方法、湖泊生物多样性的演变规律等等。除了对现实物质世界的改造需要借鉴经验外,对老百姓的精神慰藉的做法也值得分享。大型的生态建设项目或者具有生态职能的水利工程,在建设过程中很可能需要移民搬迁,这时候思想政治工作显得十分重要。南水北调工程一共有过三次移民搬迁,既提供了引以为鉴的教训,同时也积累许多值得学习的经验。在第三次移民搬迁中党和国家全盘谋划,为群众着想,无论是深入移民点与群众进行交流,还是在重大节日到安置点慰问群众,都体现了党和国家对人民的精神抚慰。因此,弘扬南水北调精神将利于分享美丽中国建设的宝贵经验。

第四节　赋能中华民族伟大复兴

中华民族伟大复兴是中国近代以来中国人民迫切希望实现的伟大梦想。改革开放以来，我们在迈上中华民族伟大复兴的道路上取得了一系列举世瞩目的成就。但是我们不能满足于此，而是要继续前进。南水北调精神蕴含着无穷的能量、展现了远大的志向。弘扬南水北调精神可以赋能中华民族伟大复兴，包括坚定复兴的远大志向，汇聚复兴的强大力量，增强复兴的强大信心等。

一、中华民族伟大复兴的基本内涵

2012 年 11 月 29 日，习近平总书记在参加"复兴之路"展览时，首次提出了"中国梦"的概念。他说："大家都在讨论中国梦。我认为，实现中华民族伟大复兴，就是中华民族近代以来最伟大的梦想。"所谓"复兴"是指历史上曾经辉煌，而今再度实现历史盛况的一个说法。一般而言，是指一个国家或者地区某一方面或者某几个方面内容重回历史巅峰。在这里，我们需要明白"复兴"与"崛起"是不一样的，两者区别在于"崛起"更多的是指原先不怎么发达的国家、地区实力的快递增长。中华民族伟大复兴的中国梦的提出有其发展背景，其背后是当代中国综合国力的稳步增长与国际地位的稳步回升。回顾近代中国发展的历史进程，我们更能体会复兴的历史逻辑。自 1840 年鸦片战争爆发到 1949 年新中国的成立，中华民族在历经百年屈辱史后才取得完整的国家主权，彻底摆脱了半殖民地半封建社会，如同毛泽东在天安门城门城楼上的宣言所说:"中国人民从今天站起来了"。1978年改革开放的实施到2012年中国特色社会主义进入新时代,中国人民又逐步"富起来"了。而现在我们正处于"强起来"的历史进程中,党的十九大报告中已经明确指出要将我国建设成为富强民主文明和谐美丽的社会主义现代化强国。近代以来,中国不同历史时期的具体实践主题不同,或革命、或建设、或改革,但是总的来说中国人民一直在探索复兴之路。

如何进一步理解中华民族伟大复兴,可以从下面几个方面来入手:

从目标内容层面来看,中华民族伟大复兴的中国梦在社会主义国家建设目标上的内容是在建国一百年之际,把我国建设成为富强民主文明和谐美丽的社会主义现代化强国。党之所以将社会主义现代化强国的实现定位为中华民族伟大复兴的目标内容,是依据我国社会主义现代化建设的速度与成就以及外部世界发展的进程来综合判定的。因为社会主义现代化强国的建立意味着中国经济总量再次位居世界前列乃至顶峰、中华文化再次形成世界级的影响力和吸引力、中国再度进入国际舞台的中心、中国军事实力再度位于世界顶级序列、中华民族再次屹立世界民族之林最前列、中国人民美好生活彻底实现。

从实践主体层面来看,中华民族伟大复兴是一项伟大的历史性实践活动,有其特定的实践主体。马克思唯物主义历史观认为历史是由人民创造的,因而中华民族伟大复兴的中国梦的实现不能离开人民这个主体。人民是伟大复兴梦的创造者、实现者、享受者,凡是拥护中国特色社会主义事业的广大中华儿女都是复兴的重要主体。中国梦的实现,是一代又一代中国人民在党的领导下走社会主义现代化道路,并进行伟大斗争来实现的。中国梦的实现,是由我国不同民族、不同地区、不同行业的人民同心协力来完成的。

从方法论层面来看，实现中国梦必须走中国道路，必须弘扬中国精神，必须凝聚中国力量。中华民族伟大复兴的中国梦的实现需要正确的道路选择，中国革命史、建设史、改革史已经证明只有社会主义能救中国，只有社会主义能发展中国。中国正是坚持走社会主义道路才实现了民族独立与综合国力的飞升，因而实现中华民族伟大复兴的中国梦要继续坚持走社会主义道路。中华民族伟大复兴的中国梦的实现需要强大的精神动力，习近平指出："人无精神则不立，国无精神则不强。精神是一个民族赖以长久生存的灵魂，唯有精神上达到一定的高度，这个民族才能在历史的洪流中屹立不倒、奋勇向前。"①以爱国主义为核心的民族精神与改革创新为核心的时代精神，赋予了中国人民实现伟大复兴的决心与勇气。中华民族伟大复兴的中国梦的实现需要主体力量，独立自主、自力更生是中国人民在革命与建设年代总结的基本原则与经验，中华民族伟大复兴的中国梦的实现从根本上需要依靠中国人自己的力量。

民族复兴视角下南水北调工程本质上是中国人民依靠自己的力量对中华民族伟大复兴蓝图的践行，展现了中国人民不畏艰难、持之以恒地实现中华民族伟大复兴的中国梦的担当与决心。孕育于南水北调工程中的南水北调精神带有民族复兴的价值意蕴，因而弘扬南水北调精神有利于赋能中华民族伟大复兴。

二、南水北调工程是中华民族伟大复兴的具体实践

习近平曾说过："空谈误国，实干兴邦"，伟大的蓝图需要在实

---

① 习近平：《习近平谈治国理政》第 2 卷，外文出版社 2017 年版，第 47 页。

践中得以实现。中华民族伟大复兴决不能是纸上谈兵，必须将伟大复兴的伟大构想通过具体的社会建设来实现。作为中华民族伟大复兴的中国梦蓝图构成的南水北调工程为民族复兴打下了厚实的基础，这项工程是构筑中华水利网络的重要实践，也是实现人民幸福生活的重要实践。

南水北调工程是构筑中华水利网络的重要实践。马克思在研究人类历史发展的社会存在时，将地理环境放在了重要的基础性位置。全世界古老文明的发展也证明了地理环境的重要性。在所有的地理要素中，水可以说是最重要的。水是生命的起源，人类文明也因水而生，世界四大文明古国都是发源于大河流域。古埃及文明的兴起与非洲第一长河尼罗河息息相关，古巴比伦文明的兴起与幼发拉底河和底格里斯河不可分割，古印度文明的兴起与古老的恒河密切相关，而中华文明的兴起与黄河长江紧密联系。水资源的重要性使得人类开始研究如何建造水利工程，如建造大坝、开凿运河、修建灌溉水渠等，可以说人类对水利工程的开发运用程度决定了文明的发展程度。回顾当今世界主要大国的建设史，就可以发现一个国家、民族、地区发展兴盛的时候，其水利建设也在蓬勃发展。1937 年苏联工业总产值超过德、英、法，跃居欧洲第一、世界第二，而在取得这一成就的过程中当时世界上最大的水电站和水利枢纽第聂伯河水电站建设成功，有效库存 5.3 亿立方米，年平均发电量 30 亿千瓦·时。美国水利工程的修建主要集中在十九世纪二三十年代与二十世纪三十年代，前一个时期美国经济高速发展，在此期间美国和加拿大共开凿运河 44 条，形成了四通八达的运输网，大大提升了美国国内的运输能力；后一个时期为了实现经济复苏，美国开启了田纳西水利工程，吸纳了大量的失业人员，改变了田纳西地区的经济面貌。可以说大型水利工程的修建是国家兴盛发展的重要实践，中华民族伟大复兴同样需要构筑完善的水利网络。

水利业是民族复兴的公益性、基础性和战略性支撑行业。"水利梦"是中华民族伟大复兴的中国梦的重要组成部分。新中国成立之初,我国领导人在各种场合表达了对水利建设的重视,提出了或者重申了南水北调、三峡工程之类的伟大构想。1956年毛泽东巡视南方,3次畅游长江,并写下了"更立西江石壁,截断巫山云雨,高峡出平湖,神女应无恙,当惊世界殊"的词句,表达了对建设三峡的展望。从梦想到实践,新中国成立70余年,中华大地上修建了大大小小一系列的水利工程,发挥着发电、航运、灌溉、调配等功效,形成了"南水北调、东西互济"的水利格局,构筑了中华水利的基本网络。根据水利部官网2020年的实时数据,我国在建大型水利工程共有28项,覆盖了东北、华北、华东、华中、华南、西北、西南七个地区,形成了完整的水利网络。南水北调工程作为我国水利史上最大的水利工程,对中华水利网络的构筑意义十分重大。南水北调工程由东、中、西三线构成,整个工程横穿长江、淮河、黄河、海河四大流域,途经沿线十余个省份,使得不同地理范围内的河流得以沟通联结。不仅如此,南水北调工程与其他大型水利工程,如葛洲坝水电站、长江三峡水利枢纽一同构筑了中华水利网络,有力地支撑了我国经济社会的发展,为中华民族伟大复兴的实现奠定了基础性条件。水运连着国运,加快构建国家水网主骨架和大动脉的相关任务被写入"十四五"规划纲要。2021年5月14日习近平总书记在河南专题调研南水北调并召开座谈会时指出:"水网建设起来,会是中华民族在治水历程中又一个世纪画卷,会载入千秋史册。"①

---

① 《"中华民族的世纪创举"——记习近平总书记在河南专题调研南水北调并召开座谈会》,《人民日报》2021年5月16日,第1版。

　　南水北调工程是实现人民幸福生活的重要实践。"人民幸福"是中华民族伟大复兴的中国梦的重要内容,没有实现人民幸福的复兴将失去价值归属。幸福是人对自身现实生活得到改善的良好感受和愉悦体验,它既包括基本生存发展条件的客观改善与美好生活需要的合意满足,更体现为物质与精神需要得以满足后产生的满足感和愉悦感。① 人民幸福就是作为整体的人民群众,其物质与精神等需求在全面满足的过程中获得良好感受和愉悦体验。从内容上看,人民幸福生活涉及社会生活的多个方面,因而实现人民幸福需要进行多方面的探索实践,包括政治实践、经济实践、文化实践、社会实践、生态实践,南水北调工程就是其中的一个具体实践。

　　我国幅员辽阔,水资源总量较大,但是人均占有量不足世界平均水平的四分之一。不仅如此,我国水资源的地区分布也极为不均衡。南方各省的年降水量在 1000 到 2000 毫米之间,而华北和东北地区只有 400 到 800 毫米,西北地区更是不足 200 毫米。北方水资源的缺乏直接约束了北方农业经济发展,导致了生活用水紧张,削弱了生态自我修复的能力,严重影响了北方人民实现幸福生活。为了实现人民幸福生活,南水北调工程被毛泽东提了出来。经过半个多世纪的建设,南水北调工程东线、中线一期工程顺利完成,在实现人民幸福生活方面发挥着重要作用。南水北调东线 6 年时间向山东供水近 40 亿立方米,覆盖 13 市 61 县 3000 万人,使得当地人民生产生活用水紧张局面得到了缓解。与此同时,还实现生态补水 2.95 亿立方米,改善了南四湖、东平湖区生态环境,避免了湖泊干涸的生态灾难。截至 2020 年 6 月 21 日,南水北调中

---

① 袁久红:《人民幸福是习近平新时代中国特色社会主义思想的价值追求》,《群众》2018 年 05 期。

线一期工程累计调水 306 亿立方米,其中向河南省供水 107 亿立方米、向河北省供水 80 亿立方米、向天津市供水 52 亿立方米、向北京市供水 53 亿立方米,惠及四省市 6700 万人,很好地满足了沿线城市生产生活用水需要。南水北调工程为北方老百姓送来了甘甜的长江水,使得沿线群众饮用水的硬度由过去的 380 毫克每升降低至 130 毫克每升。北方部分省份告别了长期饮用高氟水、苦咸水的历史,增强了广大人民群众的幸福感。

习近平总书记曾经说过:"幸福是奋斗出来的"。南水北调工程的建设是党领导人民实现自身幸福生活的重要实践。在未来的日子里,我国还有很多的像南水北调工程一样的民生工程,从各个方面满足"人民日益增长的美好生活"需要,为中华民族伟大复兴铺垫全面而又厚实的基础。

三、弘扬南水北调精神利于赋能中华民族伟大复兴

实现中华民族伟大复兴是一项持续推进的事业,需要不断地弘扬最具时代气息的精神成果。南水北调工程是中华民族复兴大业的基础性工程,体现着时代发展要求。对精神受众而言,孕育于南水北调工程中的南水北调精神能够满足精神体验的新鲜感,是民族复兴精神的新体现。因而,弘扬南水北调精神可以赋能中华民族伟大复兴,包括坚定复兴的远大志向、汇聚复兴的强大力量、增强复兴的强大信心。

弘扬南水北调精神有利于坚定复兴的远大志向。"人无志而不立",志向是人对美好未来的憧憬,具有远大前景的志向牵引着个体向上奋斗。志向,可以理解为"有志而向之",在语义上有两重含义:一是强调实践主体追求更理想的状态、更美好的境界或者水平的追求、向往。二是强调实践主体的主动性。一个有共同理

想的民族,会为民族的共同利益、荣耀而主动进行各种伟大的斗争;一个有宏伟政治蓝图的政党,会为本阶级的根本利益而主动进行各种建设。中华民族伟大复兴的中国梦是中国人民对祖国、民族重回世界之巅的殷切祈盼与科学预判,可以说,民族复兴就是当下中国之志。

　　从"志向"的树立到为"志向"持之以恒地付出,需要生动的故事予以激励,需要强大的精神予以感染。中华民族伟大复兴的中国梦的坚定,同样如此。一方面,弘扬南水北调精神可以鼓舞后人树立民族复兴的远大志向。新中国成立之初,可谓百废待兴。如何描绘中华民族复兴的初始篇章,需要站位高远。实际上,毛泽东在思考新中国建设的过程中就已经表达了实现民族伟大复兴的强烈愿景。"兴国需要兴水利",1953 年 2 月,毛泽东南下视察长江。2 月 19 日,毛泽东与长江水利委员会主任林一山谈及南水北调问题,毛泽东问:"南方水多,北方水少,能不能把南方的水借给北方一些? 这件事你想过没有?"林一山听后,回答道:"不敢想,也没有交代给我这个任务。"随后,毛泽东在与林一山的谈话交流中,提出可以在丹江口修筑大坝,引汉江之水北上。由此可见,南水北调工程这一超级工程的提出本身就是代表着一种志向,体现了毛泽东作为一代伟人想别人之不敢想,为别人之不敢为的胆略与气魄。因此,弘扬南水北调精神将启发后人追随伟人的步伐,树立民族复兴的远大志向。另一方面,弘扬南水北调精神可以使后人坚定民族复兴的远大志向。敢于做梦很重要,坚定梦想其实更重要。南水北调工程从伟大蓝图变为现实的过程中,并不是一帆风顺的。二十世纪国家财政力量的不足、前两次移民工作安排得不周全、技术设备的落后、建设队伍的更替等因素的存在,使得南水北调工程从提出到中线一期工程的完工,足足用了半个世纪,考验着几代中国建设者。然而,凭借中国社会主义制度的优越性和中国人民对实现远大志向的决心与毅力,南水北调工程依然得以完成,这在很多国家看来简直不可思议。南水北调工程东线与中线一期工程的完工恰恰说明了中国人民对民族复兴的坚持,反过来说民族复兴对每一个中国人都意义重大。因此,弘扬南水北调精神可以使后人坚定民族复兴的远大志向。

弘扬南水北调精神有利于汇聚民族复兴的强大力量。中华民族伟大复兴的中国梦是中国人民近代以来的共同梦想。伟大梦想的实现需要一代又一代的中国人民共同奋斗。为了实现这个梦想,无数中华儿女主动承担起历史使命,在革命中争取民族的解放,在建设中实现民族的发展。党的十九大报告对当代中国的历史方位做出了新的定位:中国特色社会主义进入新时代。新时代意味着中国在历经改革开放40余年后,中国人民比历史上任何时期都更接近、更有信心和能力实现中华民族伟大复兴。新时代也意味着中华民族的伟大复兴将遇到来自西方老牌帝国主义的遏制。历史经验与现实境遇告诉每一个中国人要走自己想走的路,归根到底必须依靠自己的力量来完成,民族复兴大业的建设要始终坚持独立自主、自力更生,尤其是在核心领域、卡脖子领域,更是要依靠自身的力量。

中华民族伟大复兴的力量来源于中国人民,而力量的汇聚需要精神的引领与先进事迹的鼓舞。南水北调工程是中华民族伟大复兴的重要实践,其所体现的主体意志、价值取向、行为选择,在汇聚民族复兴的主体力量方面有着积极的示范引领作用。首先,南水北调工程代表着中国人民建设伟大祖国的坚定意志。民族的主体意志是一个民族顽强生存下去的内在支撑,强大的民族意志使得这个民族在面对重大挑战的时候,往往可以激发出巨大的力量,从而战胜困难。集体性的事业是主体意志形成的重要场域,使分散的个人意志、能量得以被集体性框架约束。南水北调工程是典型的集体性工程,是中华民族伟大复兴事业的基础性工程,因而南水北调精神也体现着顽强的主体意志。弘扬南水北调精神,诉说南水北调工程中无数建设者、几十万移民群众、成千上万的基层干部共赴伟大事业的感人故事,将使后人坚定主体意志,展现蓬勃建设力量。其次,南水北调工程代表着中国人民家国一体的价值取向。价值取向决定一个民族行为的动机与落脚点,影响着主体力量的汇聚方向与效率。在现实社会中,能够汇聚蓬勃力量的社会实践都要实现个人利益与社会利益的统一。南水北调工程既是代表千百万人民群众幸福生活的民生工程,同时也是中华民族伟大复兴的集体性事业。南水北调精神体现了个人、民族、国家三者利益的统一,蕴含着现代公民的理性主义。因而弘扬南水北调精神,能够让当下的国民更加科学理性地认识个人命运与祖国命运的高度同一性,进而坚定地、持续性地汇聚民族复兴的主体力量。最后,南水北调工程东线、中线一期工程的顺利完工是正确行为选择的结果。无论是主体的意志,还是主观的价值取向,民族复兴大业最后的结果是由全体国民的行为选择所决定的。在南水北调工程半个多世纪的建设过程中,有过移民政策的仓促制定,遇到过工程建设的重要技术挑战,发生过工程的停顿,产生过激烈的社会矛盾,但是南水北调工程的先辈与后辈们依然选择投身这项伟大的工程。在挥汗如雨的工地上、在殚精竭虑的移民搬迁过程中、在北方烈烈的寒风中,中华儿女用自己的实际行动铸就了这项伟大工程。因而弘扬南水北调精神,阐释人民的选择,对汇聚民族复兴的强大主体力量意义可谓非凡。

弘扬南水北调精神有利于增强民族复兴的强大信心。近代中国人民遭遇了中华民族历史上"三千年未有之大变局",从"天朝上国"的大国心态到"闭关锁国"导致落后挨打造成的自我矮化,使得部分国人开始否定自我乃至试图全盘西化,崇洋媚外心理开始作崇。甚至到了当今社会,依然有国人认为"西方的一切都是好的","西方的月亮比中国圆"。这种错误认知的形成,一是无法客观认识本国发展的优势,二是缺乏历史的眼光,难以长时段地看待中国的发展。中华民族伟大复兴需要国人的自信,需要自信的国人。尤其是面对现在的"百年未有之大变局",更应该坚定立场、保持信心,绝不因为西方敌对势力的恶意阻挠而自乱阵脚。

对中华民族伟大复兴的信心,不是自我鼓吹与陶醉,而是应该建立在客观实际的基础上。中华民族的深厚历史底蕴、中国社会主义的正确道路、中国共产党的稳健领导、中国人民的共同奋斗、中国社会取得的现实成就等诸多重要因素,是中国人民相信民族复兴这一伟大历史时刻必将到来的厚实依据。南水北调工程的开工建设,充分体现了中国社会主义制度的优越性、中国人民的伟大性、中国共产党的先进性、中国国家治理理念的科学性,因此弘扬南水北调精神将有利于增强复兴的强大信心。一是南水北调工程证明了中国共产党带领中国人民走社会主义道路的正确性与优越性。"方向决定道路,道路决定命运",道路与制度层面带来的建设效果能从根本意义上坚定民族自信。南水北调工程是一项极为宏大的工程,体现在历史周期长、工程量大、参与者多、涉及面广等。在非社会主义国家要新建如此工程,要面临区域之间的冲突、部门之间的推诿,很可能导致一项重大水利工程建设停摆。而南水北调工程的建设是在社会主义中国中进行的,凭借社会主义制度集中力量办大事的优越性,如此浩大工程才得以完成,这在中国水利工程史上都堪称奇迹。因而弘扬南水北调精神,可以让广大国民感受中国共产党人带领中国人民走社会主义道路的正确性与优越性,进而增强实现民族伟大复兴的制度自信与道路自信。二是南水北调工程展现了中华民族成就伟大事业的强大决心与超凡智慧。一个民族对自身优秀品质的肯定与秉承,就是对其所从事的伟大事业的最好保障。反之,一个民族对本民族优势的认识不足,则会削弱民族自信心。南水北调工程作为中国水利建设史上的壮举,考验中国人民的建设决心与智慧,从 20 世纪 50 年代到 21 世纪前十几年,时间跨度长;从老一辈建设者到新一代建设人,梦想在传承;从水库建设到渠道建设,技术考验层出不穷。在面对这些挑战、解决这些问题的时候,中国人民不畏艰难、善战善成,充分展现了中国人民建设伟大工程的强大决心与超凡智慧。不仅如此,弘扬南水北调精神有利于帮助当代青年认清中华民族在实现伟大复兴事业过程中的优秀内在品质,为民族身上的优点而自豪。三是南水北调工程体现了"五大发展理念"的正确性。正确的社会治理理念反映的是国家发展在价值层面、思维层面上的进步。真理最有说服力,被实践检验过的发展理念可以赋予国人强大的自信心。南水北调工程很好地践行了"创新、协调、绿色、开放、共享"五大发展理念,也反过来验证了五大发展理念的正确性。弘扬南水北调精神有利于帮助国民看到国家治理理念的正确性,进而增强实现民族伟大复兴的理论自信。

第五章　　南水北调精神的践行

　　精神的生命力不能仅停留于文本记录与口头宣传,更重要的是将其践行于社会实践中去,使其拥有更多的实践主体与存在土壤。南水北调精神是孕育于南水北调工程伟大实践当中的中国精神,其背后直接主体是奋斗在南水北调工程中的规划者、设计者、建设者、移民群众。南水北调精神生命力的维持、延续、壮大,需要在社会实践中寻找维系的实践方式、实践主体、实践空间。依据南水北调精神产生的社会实践领域、精神内涵、思维结构,并结合当下重大社会实践活动,我们可以将南水北调精神践行于水利工程建设、现代公民培育、全面从严治党、生态文明建设等活动当中去。

第一节　水利工程建设中践行南水北调精神

　　南水北调工程本质上属于一项水利类的民生工程,其设计初衷就是为了缓解北方地区淡水资源使用紧张的矛盾。在当下中国,还有许多大型的水利工程正在建设。在这些工程的建设过程中必然要面对许多困难,能不能战胜困难,不仅需要物质技术上的支持,也需要精神力量的支撑。由于水利工程之间具有实践层面上的类似性,因而孕育于水利工程建设实践中的南水北调精神,也可以践行于当下的水利工程尤其是大型水利工程的建设当中去。

从调研勘察、设计施工到运营管理，南水北调精神都有践行的空间。

一、水利工程建设中践行南水北调精神的意义

南水北调工程是一项规模宏大的水利工程，也是世界上最大的调水工程，在新中国成立以来的各类民生工程中，具有很强的代表性。南水北调工程建设过程中积累的技术经验、社会动员经验、工程运营经验，都将对其他水利工程带来直接的参考价值。同样的，孕育于南水北调工程实践中的南水北调精神也将感染其他水利工程的设计者、建设者。当前，我国各个省份许多重要的水利工程正在如火如荼地建设中，众多的水利工程将会极大地提升老百姓的生活质量，同时浩大的水利工程建设必然会遇到诸多的困难，克服困难需要价值的指引与精神的支撑。

南水北调精神为水利工程建设提供价值指引。人类的一系列社会实践活动，都受一定的价值指引。水利工程是为改善老百姓的生活条件、交通条件、灌溉条件、防洪条件而建设的工程。当前我国水利工程建设井然有序，正在逐步满足人民日益增长的美好生活需要。同时我们也应该看到，国内水利工程建设的总体规模很大、任务很重、涉及面很广，部分地区的工程建设者可能没有紧扣民生工程的定位，而是将水利工程按照政绩工程的思路来干。习近平总书记在庆祝改革开放 40 周年大会上指出："我们党来自人民、扎根人民、造福人民，全心全意为人民服务是党的根本宗旨，必须以最广大人民根本利益为我们一切工作的根本出发点和落脚点。"①像所有的水利工程一样，南水北调工程设计的初衷就是为

① 习近平：《习近平谈治国理政》第 3 卷，外文出版社 2020 年版，第 182 页。

了满足北方百姓对水资源的渴望。最初这个伟大构想萌芽于毛泽东的大脑。毛泽东曾经在大西北生活了十多年，对北方水资源的缺乏深有感触，了解广大老百姓生活的艰辛。1952年10月，毛泽东在河南兰考视察黄河东坝时，在听取了汇报工作后，向时任黄河水利委员会主任的王化云谈道："南方水多，北方水少，如有可能，借一点来是可以的。"这便有了南水北调构想的萌芽。毛泽东关于南水北调精神的构想，充分体现了他作为人民领袖心系苍生、忧国忧民的博大胸怀。因此，南水北调工程伟大构想从一开始就是着眼于人民群众的利益。在后来的建设过程中，这种以人民为中心的价值理念更是得到充分的体现。移民问题是南水北调工程中需要解决的重大问题。为了将移民工作顺利推进，保障百姓利益，在丹江口水库的移民工作中，当地移民干部以大无私的精神承担起这项任务，力求"不求领导表扬多少，但愿群众少骂爹娘"。因此，在当下的水利工程建设中践行南水北调精神，将使得广大干部更加坚定人民立场，回归水利工程的本质和价值原点，把为民着想的理念贯穿水利工程的始终。

南水北调精神为水利工程建设提供精神动力。社会实践活动的顺利开展需要充分的物质保障和先进的技术支撑，但是在物质技术条件相同或者技术条件确定的情况下，能否顺利推进工作的落实，能否加快工作的推进，人的主观能动性往往发挥决定性作用。马克思曾经讲过："批判的武器当然不能代替武器的批判，物质力量只能用物质力量来摧毁；但是理论一经掌握群众，也会变成物质力量。"①中国正处于社会主义发展建设的初级阶段，水利工程的整体任务很重，工程的建设极其复杂，牵涉的社会利益也多，非常考验工程建设者和参与者的决心、耐心、细心。南水北调精神

---

① 马克思　恩格斯：《马克思恩格斯文集》第1卷，人民出版社2009年版，第9页。

是价值理念、思维方式、工作方法的精神综合体，对水利工程的建设起着推动作用。在水利工程建设中践行南水北调精神，将引领人们明确身上肩负的使命，以强烈的使命感确保工程的扎实推进；将激发战胜困难的斗志，以顽强的斗争精神推进各类水利工程的落实建成。

二、水利工程建设中践行南水北调精神的逻辑依据

任何一个时代的精神都是时代的产物，尤其是社会实践的产物。社会实践的复杂性决定了以此为基础而形成的精神之样态。南水北调精神孕育于南水北调工程的伟大实践，这就决定了南水北调精神的直接适用领域。由于南水北调工程属于水利类工程，因此在水利工程中践行南水北调精神具有天然的、直接的关联性。

当下在建水利工程是南水北调精神践行的直接场域。精神理念、价值观念、思想意识在转化为现实力量的时候，必然存在一个场域的适用度问题，即所要践行的思想意识能否满足实践主体的精神动力需要、能否契合实践空间。当一种精神被运用到这个精神生成的同等或者类似环境时，这种精神的力量可以最大程度地发挥出来，进而实现改造客观世界的目的。但在现实生活中强行套用、照搬照抄的事情也时有发生。幼年时期的中国共产党人因为照搬照抄俄国模式吃了亏。时下一些学者用西方理论、普世价值去解释中国问题，最后发现解释不了，这其实都是忽略了精神理念、价值观念的实践场域适用性问题。即使是马克思主义的理论，在实际运用中也要力求解决理论的适用性问题。像王明这样"本本"拿得好，貌似将马克思主义的理论精髓全部掌握的人，恰恰违背了马克思主义理论与时俱进的理论品质，终究难以实现马克思主义理论的科学嫁接。

当下在建的大型水利工程与南水北调工程在实践上具有高度类似性，这就为南水北调精神的践行提供了直接场域。根据中华人民共和国水利部官网 2020 年的数据显示，我国在建的大型水利工程包括辽宁观音阁水库工程、辽宁白石水库工程、河北桃林口水库工程、海河干流治理工程、山西万家寨引黄工程、黄河万家寨水利枢纽工程、甘肃引大入秦工程、新疆乌鲁瓦提水利枢纽工程、西藏满拉水利枢纽工程、淮河流域综合治理工程、太湖流域综合治理工程、四川大桥水库工程、广东飞来峡水利枢纽工程等 28 项工程。数目众多的大型水利工程为南水北调精神的践行构筑了广阔的实践空间。而从在建大型水利工程构筑的广阔实践空间的内在结构来看，则更能发掘南水北调精神践行的对应性与精准性。和南水北调工程一样，当前在建的 28 项大型水利工程依然属于重大民生工程，工程的推进同样需要协同各方力量。除了主体工程建设之外，在建大型水利工程还涉及征地移民、环境保护、污染治理、电力供应、交通保障、文物保护、银行贷款、产业调整等方方面面的工作，事关水利、国土、基建、环保、铁路、电力、电讯、金融、文广、安保等众多部门的职责和利益。正因为如此，在建大型水利工程建设目标定位、社会利益调整、人民群众动员、技术难关攻克、生态环境保护，都为南水北调工程中所体现的精益求精、服务大局、保护生态、协调统一的精神、意识、思维的践行提供了直接而又富有针对性的空间。

南水北调精神与水利工程建设所需精神具有一致性。随着中国现代化的不断推进，我国对水利工程的建设有了更高的要求：工程按时按质地完成，各方利益协调处理，生态代价最小化等。因此当下我国水利工程的推动，需要包括以人民为中心的价值立场、艰苦奋斗的精神面貌、团结协作的方法论、注重公共利益的思维方式、保护生态环境的建设原则在内的精神引领。剖析南水北调精神所蕴含的价值立场、精神面貌、工作方法、生态原则,可以发现南水北调精神符合水利工程建设所需精神的要求,两者具有一致性。从价值立场来看,南水北调工程从提出之初就是为了满足中国北方人民生产生活中对水资源的需要,因而南水北调精神也内在地蕴含了为人民服务的价值立场。当下水利工程的建设同样需要树立以人民为中心的价值立场,这可以使水利工程的建设者,尤其是党政干部做到"心中有人民""处处为人民"。从精神面貌来看,南水北调工程几十万建设者以艰苦奋斗的精神奋战在建设一线,有的工人在"工地上吃饭、工地上睡觉";有的工人 20 岁来到一线工作,33 岁才离开。1958 年,丹江口水库破土动工,在长达 1000 多个日日夜夜里,参加大坝建设的 10000 余名民工,积极响应党的号召,听从工程建设指挥部的指挥,胸怀建设社会主义的一腔热血,不怕挑战、不畏艰难持续奋斗在建设一线。从工作方法来看,南水北调工程指挥人员统筹协调各方力量,号召大家团结一致、以大局为重,全力攻克难关。从生态原则来看,南水北调工程按照和谐美丽的生态原则进行生态环境的保护工作。水资源保护是南水北调工程建设过程中重要的任务。为了确保水源地水质,南阳市委市政府召开"双百会战"动员大会,对水资源保护作出全面部署,全力整治当地生态环境和加强环境保护。南阳市淅川县为了保护丹江口水源地的水质,更是以壮士断腕之勇气与魄力关停造纸、冶金等污染严重的企业。因此,在水利工程建设过程中践行南水北调精神可以满足我国当下水利工程建设所需要精神之要求。

三、水利工程建设中践行南水北调精神的思路与途径

南水北调精神源于实践,也只有在实践中得以继续存续。水利工程建设是南水北调精神践行的直接场域,在水利工程建设中

践行南水北调精神,要继续发扬南水北调精神的艰苦奋斗精神、精益求精精神、舍家为国精神,推动水利工程的建设。

发扬南水北调精神中的艰苦奋斗精神,推动水利工程的建设。艰苦奋斗精神是南水北调精神中极为突出的精神内涵。水利工程和其他工程一样,都具有极强的挑战性,需要顽强的意志予以迎接。南水北调工程作为一项跨世纪的工程,一代又一代的建设者奋斗在工程建设的第一线,没有他们艰苦奋斗精神的有力支撑,根本无法实现如此伟大的建设目标。因此,在水利工程中践行南水北调精神首先是继续发扬艰苦奋斗精神,推动水利工程的建设。一是发扬艰苦奋斗精神,汇聚水利工程的建设力量。精神的魅力在于当物质条件既定的情况下,积极乐观的精神往往可以产生超过预期的实践力量。水利工程是国家建设中的基础性工程,而其建设过程往往又是极为艰苦的,无论是选址勘察,还是设计施工,工作量都极其庞大。不仅如此,水利工程一般是在人迹罕至的山区、峡谷地区,交通不便的西部地区。很多时候,正是因为水利工程的艰苦性会吓退建设者或者使得建设者产生倦怠感。但是反过来来说,恰恰是因为这些问题的存在为南水北调精神中艰苦奋斗精神的践行提供了空间。因此,在我国当下的水利工程建设过程中,要以南水北调的生动故事鼓舞人心,发扬艰苦奋斗精神,打造不怕苦、愿吃苦,不退缩、敢前进的水利建设队伍,从而最大程度上汇聚水利工程的建设力量。二是发扬艰苦奋斗精神,推动建设队伍攻坚克难。水利工程建设往往会遇到诸多的重大技术难题。水利行业作为传统行业,很多技术难题往往不是难在技术本身,而是难在建设队伍有没有决心去攻克。在南水北调工程的穿黄工程中遇到了机器修复问题,当时技术队伍首先想到的方案是邀请外国专家来驻场解决。但是面对高额的费用,中国技术人员决定自己进行攻关。后来经过他们自己一个多月的辛苦攻关,终于给出了解决方案。因此,践行南水北调精神,必须要发扬艰苦奋斗精神,推动建设队伍攻坚克难。三是发扬艰苦奋斗精神,营造水利行业踏实肯干之风。任何一个行业都有其行业特色,同样也有其行业风尚,这是由行业的内在属性所决定的。水利工程行业因其艰苦性、繁重性决定了整个行业需要营造踏实肯干之风。行业的风尚既形成于行业的实践,同时也需要主观地营造。因此,践行南水北调精神,可以发扬艰苦奋斗精神,营造水利行业踏实肯干之风。

发扬南水北调精神中的精益求精精神,推动水利工程的建设。水利工程对国家发展有着极为重要的作用,尤其是大型水利工程对国计民生起着不可替代的作用,如三峡水利枢纽工程具有防洪、发电、航运等巨大综合效益。水利工程综合效益的实现与发挥需要进行全方位的考虑,并以精益求精的精神来予以实现。南水北调工程精神蕴含精益求精的内容,因此,在水利工程中践行南水北调精神需要发扬精益求精精神,推动水利工程的建设。首先,要在水利工程的施工建设中发扬精益求精精神。水利工程的施工质量直接决定工程的质量,这是水利工程效益发挥的基础性条件。在南水北调工程的施工过程中,建设者们遇到了一系列的施工难题,如隧洞洞身钢筋混凝土衬砌,高空、悬空大体积混凝土立模、扎筋、混凝土浇筑施工等。不仅如此,材料的选择要求也是极高的,尤其是保温板、复合土木膜、聚硫密封胶,其质量好坏直接关系到工程的安全。面对这些问题,南水北调建设者发扬精益求精精神,围绕安全建设,严格把控施工设计关,严格甄选建筑施工材料,建立健全安全管理体系。同样的,当下我国水利工程施工建设过程中也要发扬精益求精精神,既践行了南水北调精神,同时也确保了水利工程的安全施工。其次,要在水利工程综合效益的追求中发扬精益求精精神。受传统思维的局限,人们在追求水利工程的效益时往往从水利本身出发,重点发掘水利工程的发电、防洪、灌溉、航运等方面的价值,却比较少定位、设计、开发、宣传水利工程的生态功能。南水北调工程相对于其他水利工程,有一个明显的效益就是对生态环境的改善,尤其是对北方城市地下水位、湖泊河流生物多样性、美丽城市建设起着极为重要的作用。因此,在水利工程的建设中践行南水北调精神,需要发扬精益求精的精神,在定位、设计、开发、宣传等多个方面最大限度地发掘水利工程的综合效益。最后,要在水利工程的运行管理中发扬精益求精精神。水利工程的效益发挥,还得看工程的后期运行管理。因此,在水利工程的建设中践行南水北调精神,还需要将精益求精精神贯彻到工程的运行管理当中。积极完善南水北调工程运行管理的制度体系,总结管理中的科学做法,运用现代科学技术对工程运行、水量水质进行全面监控,确保水利工程效益发挥的最后环节不出问题。因此,在水利工程的建设中践行南水北调精神,需要继续发扬精益求精的精神,走好工程建设的最后一步。

发扬南水北调精神中的舍家为国精神,推动水利工程的建设。移民搬迁是南水北调工程中的一项极为关键的任务。在南水北调工程中线建设过程中一共有过三次移民。移民过程中舍家为国精神得到了生动的展现。根据中华人民共和国水利部官网 2020 年的数据显示,当前我国在建的大型水利工程有 28 项,从南到北、从东到西分布在中国十余个省份。如此众多的大型水利工程,必然会牵涉到千家万户的利益,这时候就需要发扬南水北调精神中的舍家为国精神,推动水利工程的建设。第一,基层干部发扬舍家为国精神,做好水利工程建设的服务工作。水利工程的建设不仅仅是工程技术活,同时也要涉及到先期调研、思想动员、政策宣讲、政策落实、后勤保障等工作,而在大型水利工程的建设中,这些任务会表现得更为突出、更为繁重。面对繁重的工作,如何调节家庭与工作、私事与公事之间的关系,需要基层干部发扬南水北调精神中的舍家为国精神,将服务工作贯彻于大型水利工程建设的全过程。在南水北调工程的建设过程中,无数基层干部身先士卒、公而忘私,将国家发展大计摆在首位,同时想群众之所想,急群众之所急。河南淅川县在新世纪的移民工作中,需要搬迁 16.2 万人,其工作强度前所未有,比世界上很多水利工程的移民任务都要重。但是这并没有吓怕南阳人民,在这场移民搬迁战中涌现了包括王玉献、安建成、徐虎、向晓丽、王玉敏、冀建成、宋超、王文华、马有志、王玉荣等先进移民干部。正是凭借他们公而忘私、舍家为国的投入,才为南水北调中线工程顺利推进奠定了基础。因此,在新时代建设大型水利工程,同样需要鼓励基层干部发扬舍家为国精神,做好水利工程建设的服务工作。第二,人民群众发扬舍家为国精神,顾全水利工程建设的发展大局。像南水北调工程一样,水利工程尤其是跨区域的大型水利工程的建设会对当地人民群众的生产、生活产生重要的影响,甚至冲击个人利益。南水北调中线工程的建设中,淅川县人民舍家为国,整村整村的搬迁、祖孙三代的搬迁,确保丹江口水库的继续建设。因此,在新时代要号召人民群众学习南水北调的移民故事,明确大型水利工程这类基础性工程对国计民生的重大意义,进而激发人民群众发扬舍家为国精神,顾全水利工程建设的发展大局。第三,建设队伍发扬舍家为国精神,担当水利工程建设的历史重任。当下,我国有一批大型水利工程还在建设,这些工程多数分布在我国西北、西南、东北地区,工作环境极为艰苦。另一方面,由于大型水利工程建设往往需要专业的队伍,而这样的队伍一般都来自全国各地,很多建设者不得不从其他省份奔赴水利工程所在地。面对这种矛盾,需要做好思想动员,鼓励建设队伍发扬舍家为国精神,担当水利工程建设的历史重任。

第二节　现代公民培育中践行南水北调精神

随着中国社会主义现代化的不断推进,我国社会发展呈现出越来越多的现代性特征,由原来对物质利益的追求逐渐转向对社会公平、正义等制度性内容的追求。顺应这种趋势,培养现代公民是社会主义现代化过程中重要的实践活动。在培育目标上,培育现代公民要求人们关注公共利益、崇尚制度、追求开放创新、注重社会公平与正义、力求社会和谐等。南水北调精神蕴含的宽容包容心态、妥协合作精神、开放创新理念、共同体思维等现代公民品质,符合现代公民培育的要求,具有一致性。因此,在现代公民培育中践行南水北调精神有其逻辑依据。

一、现代公民培育中践行南水北调精神的意义

现代公民培育是我国社会主义现代化建设的重要目标,同时也是一项重要的实践活动。经过40多年的改革开放,由于社会公共利益的增长、公共空间的增加、公共关系的紧密,我国公民由传统的依附型转变为独立型,围绕个人与公共之间利益关系处理的核心议题,现代公民培养的目标得以被提出来。由于南水北调工程是一项涉及诸多公共利益的水利工程,决定了南水北调精神蕴含宽容包容心态、妥协合作精神、开放创新理念、共识思维等现代公民品质。因此,在现代公民培育中践行南水北调精神有着重要意义。

在现代公民培育中践行南水北调精神具有榜样示范的作用。现代公民的培育讲究循序渐进,但同时也需要榜样的直接示范。

毛泽东同志说过:"典型本身就是一种政治力量。"①榜样之所以可以发挥作用,根本上在于榜样身上体现的品质与客体之间的需求存在满足与被满足的关系。当客体在深入了解榜样的故事、榜样的品质之后情绪会被感染,在内在需求的互动作用下进而形成价值共鸣。榜样教育作为思想政治教育的重要方法,其中关键一点就是榜样的选择。合适的榜样选择对思想政治教育客体的作用是非常明显的,能够起到直扣人心的作用。在南水北调工程建设的过程中,涌现了无数可歌可泣的故事,能够为现代公民的培育树立大量典型。

在南水北调工程建设过程中最富有感染力,最为生动的故事当属移民的故事。南水北调移民是水源地战略性调整形成的一种非自然性移民,属于特殊的移民群体,考验移民对移民活动本身价值的思考与认知。2009 年 6 月,新时期库区移民搬迁工作开始,16 万多河南淅川县库区居民与 18 万多湖北十堰库区移民,走上了移民之路。我们知道中华民族是一个安土重迁的民族,移民不是简单地从一个地方搬到另一个地方,而是风俗的中断、亲情的远离。但是在国家发展建设面前,纵使有万般不舍,河南淅川和湖北十堰两地百姓依然顾全大局,全力支持民生大计,因为他们知道自己的搬迁行动对国家发展建设有多么重要。淅川县盛湾镇姚营村91 岁的盛大爷在面对中原经济网记者的提问时回答道:"开始谁说都不愿意搬,除非把我装进棺材里拉走。现在想想咱总不能渴北京人,我响应党的号召,搬!"淅川东方学校的陈黎老师精心谱曲了一首歌名为《我的移民老乡》,歌词的内容生动地描述了淅川人民挥泪道别的动人情境,讴歌了淅川人民无私奉献的精神。在"端一碗丹江水,送你去远方。掬一捧祖坟的土,装在你身上。不管你

---

① 人民日报评论部:《习近平用典》,人民日报出版社 2015 年版,第 89 页。

走多远,家乡不能忘。这里有你走过的路,这里有你碾过的场;这里有你的亲姐妹,这里有你的祖辈和亲娘!擦干眼中的泪花花儿,手拉手儿话衷肠。千斤重担一肩扛,老乡呀老乡,送你去远方"的歌声中,河南南阳市分 193 批次,将 16.2 万库区居民迁出。相对于南水北调工程前两次移民,21 世纪的移民故事反映了新时期的中国人民更具有现代公民应该具有的良好大局观和发展观。除了移民故事,南水北调工程的建设中还有许多体现现代性价值取向、思维的故事,如地方企业与国家发展之间的利益协调、工程建设者的科学精神等等。因此,在现代公民培育中践行南水北调精神,讲述南水北调故事,将直接激励中国社会各个阶层的人们尤其是青年学生适应现代社会。

在现代公民培育中践行南水北调精神具有思维引导的价值。现代公民的培育不仅仅体现在对现代性价值取向的关注,也体现在对现代性思维的掌握,包括科学创新思维、开放合作思维、共享思维、和谐思维、共同体思维等。科学创新思维是现代公民重要的素质。在南水北调工程的建设中,科学创新思维得到了很好的体现。通过技术创新,丹江口大坝加高工程得以顺利实施。丹江口大坝初期工程于 1973 年完工,因为当初工程的材料、工程标准、施工技术与 21 世纪初有着较大差异,在加高大坝过程中必然面对新老混凝土的结合问题。为此,国务院南水北调办组织水利专家,开展科研攻关,通过数值模拟、室内和现场实验、原型观测等方法获取了相应的技术指标,科学解决了新老混凝土浇筑结合的难题。像这样的技术创新,在穿黄工程、渡槽工程中都有体现。南水北调工程的顺利推进靠的不仅仅是技术创新,管理创新也极大地提升了工程的建设效率。南水北调中线一期工程中单位工程达 1731 个,参与工程建设的单位有一千多家,更有成千上万的参建人员。面对如此艰巨的协作任务,工程管理者坚持科学领导、有效统筹,细密分工,使得工程建设的国家层面与地方层面相结合,发挥地区优势,实现了工程有条不紊地进行。开放合作思维是现代公民培育的一个重要目标。南水北调工程的整个建设过程充分体现了开放合作的思维。工程的开工建设直接涉及沿线十余个省份,其中河南与湖北两省紧密合作,共同完成移民搬迁工作。移民搬迁中交通、电力、医疗、教育、银行、通信、后勤等诸多部门协同推进,确保了移民工作的稳步推进。可以说,没有各省市、各单位之间的开放合作,这样的宏大工程很难顺利完成。除此之外,南水北调工程也体现了共享思维和和谐思维,表现为南水北调工程沿线的省市对水资源的分配共享、对沿线自然环境的保护。因此,在现代公民培育中讲述南水北调故事、践行南水北调精神将直接或者间接地引导人民尤其是青年学生加速形成现代思维。

二、现代公民培育中践行南水北调精神的逻辑依据

现代公民培育是中国社会发展的必然要求。南水北调精神要想在现代公民的培育中得到践行,不能是人为的主观嫁接、移植,而是建立在两者共通的实践土壤上,即要为南水北调精神的践行寻找适合扎根生长的实践土壤,这是必要条件。除此之外,现代公民意识与南水北调精神内容上的重合性,是在现代公民培育中践行南水北调精神的充分条件。

现代公民意识与南水北调精神存在实践基础的逻辑互通性。南水北调精神能否在一定领域得以被培育与践行,从实践哲学的视角来看,主要取决于该精神全部内容或者部分内容与特定的精神、思维、价值是否具有类似的实践根基。共同的存在根基越大,这两种精神的扎根互生性越高。在现代公民培育的实践情境中,就是南水北调精神与现代公民产生的实践基础在逻辑上是否具有

相通性。

　　首先来看,现代性公民是在现代性社会生活中形成的,具有客观现实性。因此,现代公民培育这项实践活动不是主观的人为设计,而是依据公民在现代性社会活动中的实践表现和社会发展对公民提出的客观要求来进行的。改革开放以前的中国以计划经济为主,权力部门主导社会发展的格局,人们更容易对权威产生依赖,导致缺乏足够的创新性、自主性。同样的,受制于当时科学技术发展水平,人们之间的社会交往只局限于小范围,难以形成现代意义上的整体社会观。后来,随着中国改革开放步调加快,国企改革,市场经济建立,互联网的发展,尤其最近十几年,人们之间的社会交往变得越发密切、范围越发广大、深度越发深入,形成你中有我、我中有你的现代性社会发展格局。在这种利益共同体中,衍生出了现代性的公民观念,表现为人们更关注体现共同利益的价值观,如民主、公平、法治、平等。习近平总书记在党的十九大报告中明确指出:"中国特色社会主义进入新时代,我国社会主要矛盾已经转化为人民日益增长的美好生活需要和不平衡不充分的发展之间的矛盾。"①习近平总书记关于中国当下社会主要矛盾的表述,深刻地揭示了中国人民关注自由、民主、法治、公平、正义的时代已经来临。南水北调工程本身就是一项宏大的集体性社会实践活动,工程的建设与水资源的分配都涉及了广泛的共同利益。这就决定了南水北调工程的建设必然具有鲜明的现代性特征,如工程的建设者与参与者都很清楚工程的社会价值,在行动上勇于为共同利益而担当奉献;沿线人民将集体利益摆在首位,用开放包容心态支持工程的建设。所以,从实践的共同基础来看,现代公民素质养成的客观基础与南水北调精神的实践基础存在逻辑上

---

① 《习近平谈治国理政》第 3 卷,外文出版社 2020 年版,第 9 页。

的相通性。因此,现代公民培育可以成为南水北调精神践行的重点场域。

南水北调精神与现代公民意识内容具有重合性。两种精神实践基础的逻辑互通性决定了一种精神能否在另一种精神的实际场域得以有限度地培育。但是实践基础上的逻辑互通并不代表相同,因为同样的实践土壤里衍生的精神产物可能截然不同,在现代公民培育中践行南水北调精神还需要考察两者在内容上的重合性。分析南水北调精神"舍家为国、精益求精、和谐共生"的内涵会发现,南水北调精神蕴含着鲜明的现代公民品质,如老百姓众面对第三次移民搬迁,用一种胸怀家国的宽容包容心态予以再次理解接受;再如南水北调建设者面对技术难题,采用群策群力的方式,在开放创新中予以解决,避免了过度依赖国外的技术。现代公民品质也体现为对制度文化、科学精神的关注及推崇。对于南水北调工程的管理者而言,南水北调工程作为大型水利工程,涉及到的设计、论证、建设、运营问题是极其繁杂的。如何实现各项工作、各个地区、各个部门、各种资源的合理和谐整合,很显然必须以层层的制度设计予以规范管理,这就决定了南水北调精神的制度性色彩,具体体现为南水北调工程的实践过程中既有宏观层面社会主义制度的统筹推进,集中力量办大事,也有微观层面各个环节制度的分解优化。除了贯穿全程的制度精神,科学精神也渗透在南水北调精神当中。南水北调精神内涵之一的精益求精显示出了科学精神与科学思维,从技术攻关到生态修复,从移民过程中的社会矛盾化解到工程的市场化运作,都按照一定的科学规律来进行,由此可知,现代公民培育需要的价值理念和思维方式在南水北调精神中都有相应的呈现,两者在内容上有很大的重合性,这就为在现代公民培育中践行南水北调精神提供了完整的逻辑依据。

三、现代公民培育中践行南水北调精神的思路与途径

在现代公民培育中践行南水北调精神，基本思路是将南水北调精神学习、传承、践行融入现代公民培育中，既以现代公民培育为实践依托，同时也以自身作为现代公民培育的方法和手段。具体说来，讲好南水北调工程的故事，汲取现代公民成长的精神养分；学习南水北调精神的现代思维，投身社会主义现代化事业；把握南水北调精神的战略高度，为中华民族伟大复兴而奋斗。

讲好南水北调工程里的生动故事，帮助人们汲取现代公民成长的精神养分。现代公民的培育需要精神的注入，尤其是对于奋发向上的年轻人，一旦受到精神力量的鼓舞，将加速个人的成长成才。南水北调精神的育人力量直接体现在南水北调工程里面的故事里，因此讲好南水北调工程里的故事，将为现代公民的成长提供精神养分，同时也使得南水北调精神得以践行于现代公民的成长成才之中。讲好南水北调故事，首先要按照现代公民成长的需要，对南水北调工程里的故事进行记录归纳。南水北调工程是一项极为浩大的工程，其中发生的故事是现代公民成长的精神给养源，要及时地加以发掘、记录，决不能让这些故事遗失在历史的尘埃中。现代公民的阶层是复杂多样的，在现代公民培育视角下讲好南水北调工程的故事，要针对不同职业进行相应的归纳总结，包括基层干部、移民帮扶队、建筑队伍、白衣天使、军队等；要记录好大家所详知的"大人物"的故事，也要注重"小人物"转入未来生活的故事，如"最后的渔歌""最后的清明""最后的渔民""最后的早餐"；要记载令人鼓舞的事，也要记录值得人们引以为戒的故事，总而言之，要努力发掘所有的故事里蕴含的现代品质，使得当下各个阶层的公民能够在相应的故事中汲取精神养分。其次，要讲好南水北调

工程的故事，必须拓展传播渠道。第一，将南水北调工程的故事融入思政教学新模式。高校要充分发挥思政理论课的主渠道作用，结合新理念，运用新教法、新技术，开发新模式，将南水北调工程的故事融入课堂内容，更新充实高校思政理论课教学素材库，为广大90后，甚至00后大学生提供现代公民品质培育的精神食粮。第二，建立南水北调精神体验式教学基地。南水北调工程沿线的省域要着力建设好体验式教学基地，如渠首参观基地、移民村调研点、南水北调展览馆等，为增强教学过程中青年学生对南水北调精神的认同，引发对南水北调工程故事的情感共鸣构建有力平台。第三，借助社交网络传播南水北调精神，讲好南水北调故事。社交网络的崛起已经深深改变了青年人的网络行为，青年群体更倾向于表达、分享。"抖音""今日头条""Ｂ站""QQ空间""微博"等社交平台极大满足了青年的社交欲。弘扬南水北调精神应该顺势而为，针对各类媒体的特点、用户信息喜好倾向，开发优质信息资源、畅通传播渠道、打造意见领袖，向青年群体分享有关南水北调精神和南水北调故事的影音讯息。最后，讲好南水北调工程的故事，要将真理性与艺术性相结合。艺术的魅力在于它可以使哲理形象化，为真理的传播架设跑道。南水北调工程里的故事所蕴含的现代性价值观念与思维方式需要艺术性的加工，一方面需要把握故事讲述的生动性、直观性，以图文并茂的方式加以呈现，达到动之以情、晓之以理的育人效果。另一方面，需要将故事进行产业化，使得南水北调精神得以更广泛地传播。总而言之，要通过真理性与艺术性的结合，使得更多的人接受南水北调精神的滋养，进而实现自身的成长与南水北调精神的践行融为一体。

发掘南水北调精神蕴含的现代思维，引领人们投身社会主义现代化事业。社会主义现代化建设是现代性公民培育的最重要途径。社会主义从一开始就是为了实现广大人民的利益而提出的，无论是从道义上、制度上，还是逻辑上都具有先进性与现代性，并且伴随着社会主义现代化建设的不断深入，其中对公民现代性的要求会越来越高。当前，我国正处于社会主义现代化建设的高速期，需要现代性思维的牵引和现代公民的推动。因此，很有必要发掘南水北调精神的现代性思维，引领广大人民投身社会主义现代化事业。一是发掘南水北调精神蕴含的科学思维。社会主义现代化建设有其规律性，但是规律不会自我呈现，需要实践主体通过一定的科学思维加以分析、认识、把握、运用。对社会主义现代化建设规律的把握越精准，整个社会发展的现代性也将越发明显，公民的现代性也将逐步实现。南水北调工程建设体现了科学思维，如工程的规划、设计、建设充分考虑到了地理走势、水资源的分布、地质环境，同时也考虑到了社会民生、技术储备、综合国力等问题，可以说整个工程考虑周全、规划详尽。因此发掘南水北调精神蕴含的科学思维，可以引导民众推动社会主义现代化建设并加速自身成长。二是发掘南水北调精神蕴含的创新思维。社会主义现代化建设从根本逻辑上符合人类社会发展的道路演进趋势，但是在现实中如何建设社会主义现代化，马克思主义原著里并没有具体的描述，这既需要我们实事求是也要改革创新。南水北调工程中创新思维比比皆是，既有技术攻关上智能优化，也有工程管理上的统分结合；既有工程档案信息化建设的管理创新，也有项目资金财务管理上的多主体共同参与模式。因此，发掘南水北调精神蕴含的创新思维以运用到社会主义现代化建设当中去是践行南水北调精神的重要路径。三是发掘南水北调精神蕴含的协商思维。高度分化与高度融合是社会化大生产下呈现的显著特征，人们在日益分工的同时也要不断融入公共事业当中去。社会主义现代化的推进必然要求人民以协商共进的方式参与公共性活动。在处理南水北调工程涉及的多方面利益关系时，协调思维发挥了重要作用。区域协商、部门协商、群体协商、搬迁协商等,这些南水北调过程中的协商思维,恰好可以满足现代公民投身社会主义现代化建设的需要。四是发掘南水北调精神的和谐思维。社会主义现代化建设在社会目标上致力于构建和谐社会,而这需要和谐思维加以引导。南水北调工程蕴含和谐思维,主要体现在新世纪的移民工作和生态环境保护工作中。新世纪的移民安排克服了二十世纪移民工作的缺点,移民工作极为注重和谐,要求做到搬迁和谐、安置和谐,及时给予移民精神慰藉,努力让移民适应迁入地生活。生态环境保护注重和谐,南水北调中线工程沿线地方政府积极开展生态建设,努力实现自然系统内部和谐以及人与自然和谐。五是发掘南水北调精神的共同体思维。从当下中国社会发展的历史阶段来看,中国特色社会主义现代化是关乎中华民族前途命运的伟大事业。在面对外部发展环境的变化与内部发展的突发性事件,如 2020 年突如其来的新冠疫情,这都需要中华民族树立共同体思维。南水北调精神蕴含共同体思维,在南水北调工程建设中地方与国家、北方与南方、年老一辈与年轻一辈之间存在良好的共同体关系,因此,发掘其中的共同体思维有利于促进社会主义现代化建设,也有利于南水北调精神的践行。

　　把握南水北调精神体现的实践高度,激励人们为中华民族伟大复兴而奋斗。中华民族伟大复兴不是为了复制封建中国的繁荣昌盛,而是通过社会主义现代化来实现国家富强、民族振兴、人民幸福,体现为现代性与民族性的高度统一。因此我国现代公民培育的重要目的就是实现中华民族伟大复兴,反之我国现代公民的培育也将在实现民族伟大复兴的进程中进行。南水北调工程蕴含着民族复兴的战略意图,因此,需要把握南水北调精神体现的实践高度,引导我国人民尤其是年轻人认识到我国现代公民培育民族性的一面,进而激发他们为中华民族伟大复兴而奋斗。第一,把握南水北调精神的实践高度,培养为民族复兴的崇高情怀。从民族振兴的视角来看,民族振兴需要依赖一系列基础性的重大工程项目,而南水北调工程就是其中之一。这就决定了把握南水北调工程的实践高度,不能将其局限于普通的水利工程,而是要将其放在中华民族迈上复兴之路的伟大探索之中去,进而感悟南水北调工程建设者的崇高情怀。所以,立足现代公民培育的现实场域来践行南水北调精神,需要帮助年轻人把握南水北调精神的实践高度,为民族复兴培养崇高情怀,肩负起所处时代的历史使命。第二,把握南水北调精神的实践高度,树立为民族复兴的伟大志向。南水北调精神不仅仅体现为一种传统的水利精神,站在更加高远的时空背景中来看,南水北调工程起源于中国领导人的伟大构想,并贯穿于中华民族由"站起来、富起来"向"强起来"的转变过程,是中国水利史上乃至世界水利史上前所未有的壮举,充分展现了中国人民的雄心壮志,因而具有了超越自身的实践高度。所以,立足现代公民培育的现实场域来践行南水北调精神,需要帮助年轻人把握南水北调精神的实践高度,朝着中华民族伟大复兴的中国梦而进发,为民族复兴树立伟大志向。第三,把握南水北调精神的实践高度,增强为民族复兴的强大本领。南水北调精神是孕育于南水北调工程中的民族精神与时代精神,是社会实践的产物,可以说是一种实践精神。这种实践精神体现为将伟大蓝图变为伟大成就。实现这样的成就需要极强的实践能力,在南水北调工程的建设过程中,充满了各种矛盾、挑战、任务、意外,充分考验了工程的规划者的规划能力、建设者的建设能力、移民群众的参与能力等诸多主体的实践能力。所以,立足现代公民培育的现实场域来践行南水北调精神,需要帮助年轻人把握南水北调精神的实践高度,朝着中华民族伟大复兴的中国梦而进发,增强包括政治本领、科技本领、劳动本领在内的一系列为民族复兴的强大本领。

第三节 全面从严治党中践行南水北调精神

全面从严治党,是以习近平同志为核心的党的中央领导集体作出的重大战略部署。推进全面从严治党对塑造党的形象,提升党的治理能力有着极为重要的作用。党的十八大以来,全面从严治党工作逐步展开,覆盖到了各级党组织,进行了一系列的反腐斗争,开展了形式多样的主题教育活动,取得了许多建设性的成果,是当下中国党建领域重要的实践活动。南水北调工程推进过程中党员身上展现的优秀品质是全面从严治党工作所需要的。因此,可以在全面从严治党的实践活动中践行南水北调精神。

一、全面从严治党中践行南水北调精神的意义

南水北调工程建设过程中党员的先锋模范作用得到了生动的体现。一批批心怀人民、为人民着想的基层干部,全身心投入到移民搬迁工作中。他们当中有人身患疾病依然坚持工作,有人因为工作没见到至亲最后一面,有人主动拆了自己家的房子,有人为工作顺利推进而下跪,充分践行了中国共产党人的初心使命。不仅如此,南水北调工程建设中党员干部的工程建设组织能力、移民搬迁动员能力、移民情绪安抚能力、环境保护政策落实能力得到了全面的检验与提升。因此,在全面从严治党中践行南水北调精神意义十分明显。

在全面从严治党中践行南水北调精神可以坚定初心使命。为中国人民谋幸福、为中华民族谋复兴是中国共产党人的初心使命,勉励和鞭策着一代又一代中国共产党人栉风沐雨、砥砺奋进。中

国共产党自建立以来,领导中国人民在革命、建设和改革的各个历史时期进行着一场场生动鲜活的社会实践,取得了举世瞩目的辉煌成就。可以说,党在中国社会主义事业发展建设的过程中发挥着掌舵人的作用。关于党与国家发展建设的关系问题上,邓小平曾经指出:"在中国,在五四运动以来的六十年中,除了中国共产党,根本不存在另外一个像列宁所说的联系广大劳动群众的党。没有中国共产党,就没有社会主义的新中国。"①"中国要出问题,还是出在共产党内部",强调"关键是我们共产党内部要搞好,不出事。"②反之,在国际共产主义运动史上,因为背弃阶级使命,导致亡党亡国的事情也发生过,后果可谓极其惨痛。因此,中国共产党能不能坚定初心使命,关乎中国共产党的阶级性质,关乎中国特色社会主义发展建设的方向、关乎中国社会稳定的问题,关乎国际共产主义发展。

中国共产党历来重视党的建设。进入中国特色社会主义发展的新时代,以习近平为核心的党的中央领导集体,更加注重党的建设,强调从严治党。2019 年 5 月 13 日,中共中央政治局召开会议,决定从 2019 年 6 月开始,在全党自上而下分两批开展"不忘初心、牢记使命"主题教育。习近平总书记对主题教育活动的重视,恰恰说明政党初心使命对维护政党阶级属性、政治底色的重要性。党员干部初心使命的坚定,既需要政党内部的监督约束,也需要一定精神文化的熏陶。在全面从严治党的过程中践行南水北调精神,可以为坚定初心使命发挥作用。南水北调工程的建设中党员干部以人民为中心,将移民的利益摆在首位,为移民搬迁工作的顺利开展细心谋划。在新世纪的移民过程中,南水北调中线工程中

---

① 邓小平:《邓小平文选》第 2 卷,人民出版社 1994 年版,第 170 页。
② 邓小平:《邓小平文选》第 3 卷,人民出版社 1993 年版,第 380—381 页。

的基层干部舍小家为大家,全身心投入到移民工作中去,将执政为民的理念生动地展现出来,涌现了很多感人的故事,为当下党政干部坚定初心使命提供了丰沛而又真实的精神资源。丹江口水库原定 2013 年计划完成,上级要求河南的移民工作从 2008 年 11 月启动,4 年完成任务。但是在以人为本的宗旨、执政为民的政策指引下,河南省委、省政府提出"四年任务,两年完成"。时任南阳市委书记李文慧说:"南水北调移民迁安社会大局,是责任,是机遇,是民生,必须决战决胜,四年任务两年完成,向中央和省委、省政府交一份满意的答卷!"①南阳淅川县香花镇,是当时全国最大的小辣椒生产基地和世界级的小辣椒交易市场,当地老百姓生活富足,搬迁工作难度大,很考验移民干部的真心、耐心、决心。为了将移民妥善安置好,香花镇党委书记徐虎含泪表态道:"请大家放心,香花的党委政府绝对会把你们安置好的。安置不好你们,我这个党委书记引咎辞职! 我不配当移民的儿子!"②在移民安迁的工作中,南阳市有许多移民干部累倒在一线,有 12 名干部牺牲。淅川县县委机关党委副书记马有志虽然身患疾病,但是依然请求参与移民搬迁工作,最终因为工作劳累在赶往移民村的路上晕倒。在医院经医生抢救后醒来一次,醒来后马有志拨通了妻子电话,在电话里说道:"我是移民的儿子,我为移民走了。我走后不要惦记我。"之后又再次昏迷再也没有醒过来。可以说正是因为有了这样一些一心为民的干部,移民搬迁工作才能更快地获得移民群众的认同与支持。因此,在全面从严治党中践行南水北调精神必将坚定党政干部的初心使命。

---

① 中共南阳市委组织部　南水北调干部学院:《一渠丹水写精神》,人民出版社 2017 年版,第 93 页。

② 中共南阳市委组织部　南水北调干部学院:《一渠丹水写精神》,人民出版社 2017 年版,第 105 页。

在全面从严治党中践行南水北调精神可以增强治理能力。"治理能力建设"一直是党关注的重要问题。2002 年党的十六大形成了"党领导人民治理国家"的认识,正式确立了"治理"这一理念。2007 年党的十七大报告提出,"保证党领导人民有效治理国家。"2012 年,党的十八大进一步提出,"要更加注重改进党的领导方式和执政方式,保证党领导人民有效治理国家"。从治理的对象而言,政党治理能力意指政党在自我建设与国家发展建设中发现问题、解决问题,实现自我发展与政治目标的能力。从能力的构成要素来看,政党治理能力包括学习能力、分析能力、综合能力、批判能力、创造能力、实践能力、组织协调能力等。当前,中国特色社会主义发展进入新时代,我们既要看到成就,也要看到面临的挑战与危机。一切挑战与危机的应对都将考验党的治理能力。因此,增强政党的治理能力是全面从严治党的重要内容。

政党治理能力的生成是在实践中形成的,但同时我们也不能忽视对以往实践经验的总结。学习并借鉴南水北调工程中的治理方法与经验,可以转化为党员干部治理能力的内在要素。南水北调工程是党员干部治理能力的一次考验与历练,检验并培养了多方面的治理能力。从组织能力来看,各级党政机关充分发挥社会主义集中力量办大事的优势,调动了多方面的建设力量投入到南水北调工程当中去,包括工程建筑类企业、工程机械类企业、工程材料类企业、水用器材类企业、供电供能企业、后勤保障类企业、医疗卫生类机构等。从动员能力来看,新世纪移民工作中基层干部展现了良好的动员能力。由于二十世纪国力的贫困,经验的缺乏,导致淅川县迁往青海的移民移而不安、安而不富,使后来淅川县当地群众产生了一定的心理顾虑。因此,新世纪的移民工作中,党政干部带头示范,动员家里人首先移民;成立移民搬迁机构,细致分工,入村到户,家家动员;遇到"老移民"则多次上门拜访,以情动人,消除心理疑虑。最终,在党政干部的悉心动员下,新世纪的移民搬迁工作得以完成。从安抚移民情绪的能力来看,党员干部将对移民的关心关怀贯穿移民工作全过程。对于广大移民来说,移民不仅仅意味着从一个地方搬迁到另一个地方,更多的是故土家园的远离,文化风俗的断裂,亲朋好友情谊的割舍,生产生活环境的变更。面对这些变化,移民难免会有失落感与遗憾心理。为了使移民能够更加舒心,党政干部从细节出发让移民感受关怀与温暖。2010 年,时任南阳市委书记的黄兴维和市长穆为民陪移民凌贵申吃完搬迁前在老家的最后一顿早餐,于细节处让凌贵申一家感受到了党和国家的关心。淅川县移民车队驶出县城时,当地百姓夹道送别。移民迁入地,当地组织队伍打着"亲人您到家了"的迎接标语,让移民感受到了亲切。为了帮助移民适应迁入地的生活,迁入地也安排了结对干部,并准备了足够生活一周的食品。不仅如此,在移民安顿好后党政干部及时慰问移民群众。2011 年腊月 28 日,时任南阳市长的穆为民来到南阳宛城区红泥湾镇给移民拜年,带来了党和政府的关怀。除此之外,南水北调工程建设过程中的治理能力还体现在对生态环境的保护上。因此,在全面从严治党中践行南水北调精神有利于党政干部汲取多方面的经验,提升治理能力。

二、全面从严治党中践行南水北调精神的逻辑依据

南水北调精神的践行需要一定的场域,需要不止一个实践场域。不同的实践场域具有不同的侧重性,不同的实践场域综合起来才能为南水北调精神的彻底践行提供全面的实践空间。全面从严治党这项社会实践活动能承担起部分南水北调精神的践行,为南水北调精神的践行提供了契机。不仅如此,南水北调工程中彰

显的党员党性与全面从严治党的要求相符合。这两个方面的理由为在全面从严治党中践行南水北调精神提供了逻辑依据。

全面从严治党是南水北调精神践行的重要契机与场域。从思想政治教育的学科视角来看,全面从严治党为南水北调精神的践行提供了契机与场域。党的十八大以来,党围绕全面从严治党采取了一系列富有针对性的措施,着力解决思想问题、组织问题、纪律问题、作风问题。整个从严治党活动呈现出持续时间长、受众多、体系全、关注度高、效果好的特征。从 2014 年提出从严治党至今,全面治党已经进行了 7 年多,并且习近平总书记在党的十九大报告中指出:"全面从严治党永远在路上"。因此,全面从严治党在时间维度上为践行南水北调精神提供了可能。全面从严治党,覆盖党的建设各个领域、各个方面、各个部门,为南水北调精神关于党性修养的内容提供了很好的受众。全面从严治党,不仅仅抓政治建设,而是思想、管党、执纪、治吏、作风、反腐等六个方面一起抓,呈现全面立体的特征。关注度上,全面从严治党获得了从官媒到民间媒体,从纸质平台到新媒体的关注,覆盖了党政军民学各个领域,为南水北调精神的践行提供了空间。实效性上,党的各级组织管党治党主体责任明显增强,中央八项规定精神得到坚决落实,党的纪律建设全面加强,腐败蔓延势头得到有效遏制,反腐败斗争压倒性态势已经形成,不敢腐的目标初步实现,不能腐的制度日益完善,不想腐的堤坝正在构筑,党内政治生活呈现新的气象。可以说,全面从严治党活动的实践形式、规模、关注度、成效、为南水北调精神的践行提供了前所未有的机遇与空间。南水北调精神在孕育过程中凝聚了党员干部的价值取向、工作态度、组织纪律等,这些有关党性的精神成分可以在当下全面从严治党的实践中得以继续弘扬与践行。

南水北调工程中彰显的党性与全面从严治党的党性要求相符

合。党性,是一个政党所固有的本性。不同阶级的政党有不同的党性。无产阶级政党的党性,是无产阶级阶级性最高、最集中的表现。在全面从严治党的新历史时期,党性要求:坚定不移地贯彻执行党的基本路线,在思想上、政治上同党中央保持高度一致;清正廉洁,无私奉献,自觉抵制资本主义和封建主义思想的侵蚀,正确处理国家、集体、个人利益关系,同一切损害人民利益的行为作斗争;坚持把共产主义理想同党在现阶段任务结合起来,积极投身于建设中国特色社会主义的伟大实践中去,脚踏实地地做好本职工作。南水北调工程的建设中,无数党员干部怀着极强的使命感,以国家发展和群众利益为重心,全身心地投入到一线工作,充分彰显了中国共产党员的党性。毛泽东同志曾经说过:"政治路线确定之后,干部就是决定性因素。"①在贯彻执行党的政策路线方面,南阳市委、市政府,广大移民干部知难而上敢担当,2009 年 7 月 29日,河南省南水北调丹江口库区移民安置动员大会在淅川举行,时任中共河南省委副书记、省移民安置指挥部政委陈全国在大会上指出:"省移民安置指挥部要在省委、省政府的统一领导下,尽职尽责地做好组织工作;库区和安置地各级党委、政府要高度重视、靠前指挥;省直各有关部门要各司其职、通力合作;各级驻派移民工作组的同志要扑下身子、真抓实干;基层党组织和广大党员要充分发挥战斗堡垒作用和先锋模范作用。"②南水北调工程建设中,基层党员干部积极贯彻国家指示,积极承担起移民搬迁的任务,向移民地区的百姓宣讲政策、落实政策、执行政策、维护政策。湖北省丹江口市化学医疗行业投资服务促进中心主任周晓英已经年过半

---

① 毛泽东:《毛泽东选集》第 2 卷,人民出版社 1991 年版,第 526 页。
② 刘亚辉、谭勇:《河南省南水北调丹江口库区移民安置动员大会召开》,《河南日报》2009 年 7 月 31 日,第 1 版。

百,却报名要求担任巾帼移民工作突击队队长,并以"让党旗在库区中飘扬,党徽在移民中闪光"的誓言来激励自己。移民搬迁工作中如何做到公私分明考验基层党员干部的党性。淅川县老一辈的移民干部吴丰瑞,在 20 世纪 60 年代以淅川县委宣传部长的身份跟随移民调任大柴湖区第一区委书记兼革命委员会主任。在移民过程中他廉洁奉公、不徇私情,把全家 6 口人都搬迁到了大柴湖。陈平是丹江口市移民局六里坪移民工作站干部,34 岁加入中国共产党,从此,"当一名合格的移民工作者,做一个优秀的共产党"就成为他最朴实的誓言。2009 年湖北省正式启动南水北调中线工程外迁移民试点工作。陈平先后担负起六里坪、官山两个镇 34 个村的移民后期扶持工作。他为 2815 名移民发放帮助资金 953.83万元,并且以私人名义慷慨资助困难群众,却从未破例给亲戚朋友分一点好处。在南水北调工程的建设过程中,党员干部充分发挥了先锋模范作用,充分展现了中国共产党党员应有的党性。因此,在全面从严治党中践行南水北调精神可以满足当下党员党性修养的要求。

三、全面从严治党中践行南水北调精神的思路与途径

随着全面从严治党进入纵深,党员的初心使命、治理能力、担当品质等方面的要求更加严格。南水北调工程建设中基层干部夜以继日地奋斗在移民工作一线,充分展现了中国共产党员的初心使命,锻炼了基层治理的能力,肩负了国家发展的伟大担当,是南水北调精神的具体体现。因此,在全面从严治党中践行南水北调精神可以从这些方面入手。

学习南水北调干部的人民立场,号召全体党员在为人民服务中坚定初心使命。全面从严治党一个重要的内容就是关于党员的

党性修养,而党员党性中最重要的就是一个政党的初心使命,即
"代表谁","为谁服务"。中国共产党已经建党 100 年了,对于这样
的大党而言,坚定政党的初心使命可以确保整个社会治理建设的
价值落脚点不会迷失。南水北调工程建设过程中党员干部的初心
使命在基层实践中得到了检验。因此,有必要学习南水北调干部
的人民立场,号召全体党员在为人民服务中坚定初心使命。首先,
学习南水北调干部的先进事迹,强化为人民服务的意识。在全面
从严治党中践行南水北调精神,要广泛宣传报道南水北调干部为
人民服务的先进事迹,让全体党员干部接受一次精神洗礼。河南
省在整个移民过程中没有发生一起重大伤亡事件,却有 300 多名
党员干部晕倒在搬迁现场,100 多名党员干部因公负伤,10 多名党
员干部献出了生命。因此,发掘与宣传学习南水北调干部的先进
事迹是做好在全面从严治党中践行南水北调精神的首要工作。要
大力通过理论宣讲、专题教育、走访考察等方式,学习南水北调干
部在移民过程中如何用心、细心、贴心地服务移民群众的故事。以
南水北调干部先进的事迹,丰富中国共产党人的精神资源库,强化
党员干部为人民服务的意识。其次,明确南水北调干部的人民立
场,积极投身基层服务的具体实践。党员干部的基层实践是南水
北调精神践行的最广阔舞台。根据中央组织部最新党内统计数据
显示,截至 2019 年 12 月 31 日,中国共产党党员总数为 9194.4 万
名,比上年净增 132.0 万名。党的基层组织 468.1 万个,比上年净
增 7.1 万个,增幅为 1.5%。[①] 可以说基层党员干部是最接近人民
群众的干部群体,其所作所为直观地体现了党的人民立场。因此,
在全面从严治党中践行南水北调精神,要明确南水北调干部实践

---

① 《2019 年中国共产党党内统计公报》,2020 年 06 月 30 日,共产党员网(http://
www.12371.cn/2020/06/30/ARTI1593514894217396.shtml)。

中的人民立场,尤其是基层干部的人民立场,号召党员干部投身农村地区、西部地区,帮助基层人民群众实现多方面的福利,改善基层的经济、社会、文化、生态状况,使党员的初心使命落地于基层实践。最后,参照南水北调干部的为民绩效,用人民群众的获得感来检验服务效果。初心使命是否得以坚定的践行,需要人民来评判,最忌讳"自我感觉良好"的错误评价思维与方法。习近平总书记曾经说过:"时代是出卷人,我们是答卷人,人民是阅卷人。"[①]南水北调工程中移民工作的顺利开展离不开党员干部为民服务的初心使命。在吸取前两次移民工作的经验教训后,党和政府制定了"搬得出、稳得住、能致富"的方针。在方针的落实过程中,党员干部坚持以民为本的立场,用认真踏实的工作实现了移民工作的圆满,取得了良好为民绩效。因此,在全面从严治党中践行南水北调精神,需要参照南水北调干部的为民绩效,注重用人民群众的获得感来检验服务效果,要使初心使命的践行经得起人民的评判。

借鉴南水北调干部的科学方法,要求全体党员在基层治理中提升治理能力。全面从严治党一个重要的内容就是基层治理能力的提升,而提升基层治理能力可以学习借鉴以往基层治理的成功经验。南水北调工程的开工建设积累许多卓有成效的基层治理经验。在工程的建设中党员干部采取了科学的、有效的、符合民意的方法,这些方法彰显了南水北调精神不同维度的价值内涵。借鉴南水北调干部的科学方法,要立足基层,以治理能力建设为抓手。一是学习借鉴南水北调干部的全面统筹。基层治理面对的问题往往是纷繁复杂的,既有传统的经济问题,也有现代的生态建设、乡风民俗的养成与革新问题,解决以上问题离不开全面统筹。具体

---

① 习近平:《习近平谈治国理政》第 3 卷,外文出版社 2020 年版,第 70 页。

说来,要组织学习、开展培训,帮助党员干部发掘南水北调工程中得全面统筹的做法、思维。要求党员干部认识基层治理的新阶段,学会用系统的眼光看待基层发展建设,不断适应寻求充分发展与平衡发展的群众心理。要以乡村振兴为契机,在实际工作中理顺乡村经济、政治、文化、社会、生态发展之间的关系,全面统筹,发挥优势,补足短板。二是学习借鉴南水北调干部的共情共治。南水北调工程的建设推进,需要面对工程技术与人文社会问题的双重考验。在移民工作中,南水北调干部为充分了解民情,深入基层了解群众对移民工程的态度,对生活前景的担忧,征询群众对移民工作的种种建议,与群众代表进行沟通,正是南水北调干部用这种共情共治实现了新世纪和谐的移民搬迁。在推进国家治理现代化的中国社会环境中,学会从民众心理出发,征询民众意见这种共情共治的工作方法,成为了当下干部成长的必修课。因此,很有必要协助基层干部学习南水北调干部共情共治的科学方法,汲取其中的智慧养分,创造性地运用到当下基层治理中去。三是学习借鉴南水北调干部的务实求真。为了确保新世纪南水北调移民工程的顺利推进,河南地区的基层干部本着求真务实的原则做了大量的前期工作。在移民迁入地的选取上尽可能按照就近原则满足移民的故土情结,改变以往大量往外迁的做法;在移民的摸底调查工作上,详细调查了当地的人口数量、经济总量,为交通医疗资源的配备、移民的经济补偿标准制定提供了精准的参考。正是南水北调基层干部的求真务实工作,才开创了新世纪移民的和谐局面。在当下的基层治理中,要引导基层干部学习借鉴南水北调干部的务实求真,养成不浮躁、不虚假、勤调查的工作作风。

感悟南水北调干部的伟大担当,引领全体党员在国家建设中担当时代责任。全面从严治党的一个重要的内容就是培养党员干部的责任担当。习近平总书记在系列讲话中多次指出,责任担当是领导干部必备的基本素质,并强调干部就要有担当,有多大担当才能干多大事业。[①] 从南水北调工程承载的历史使命来看,南水北调精神可以界定为一种担当精神。无论是艰苦奋斗,还是精益求精,担当是其中鲜明的精神特质。在从严治党的语境下南水北调精神的担当特质就是南水北调干部为实现工程的各项艰巨任务而担当。因此,在全面从严治党中践行南水北调精神,要感悟南水北调干部的伟大担当,引领全体党员在国家建设中担当时代责任。第一,感悟南水北调干部伟大担当的历史高度,在国家建设中勇挑重担。党员干部的党性修养需要具有崇高历史意义的精神典范的滋养。党员干部在践行南水北调精神的时候不能简单地将其定位为一种工程建设精神或者地方精神,而是应该从国家治理、民族振兴工程的视角来看待南水北调精神,进而增强南水北调精神的感召力。同样的,在宣传解读南水北调干部的先进事迹的时候,不能以局部工作代替整体工作,只将其认定为一种移民工作,而是要以整体性的视角来看待南水北调干部在完成国家级重大工程中的伟大担当。因此,号召全体党员干部践行南水北调精神,一定要着重凸显南水北调干部伟大担当的历史高度,增强南水北调精神对所有干部的精神感召力,激励党员干部在国家建设中勇挑重担。第二,感悟南水北调干部伟大担当的时代接力,在国家建设中承接使命。"行百里者半九十"的道理不仅适用于普通民众的日常生活,对于南水北调这样的国家级重大工程同样适用。南水北调工程的建设历经了中国社会主义建设的多个时期,一代又一代的中国共产党人领导中国人民接过前人的历史重任,继续开进。当下中国还有许多国家级的战略、项目、蓝图需要完成,同样需要几代人的继续奋斗。因此,践行南水北调精神需要感悟南水北调干部伟大

① 主题党课学用辅导编写组:《主题党课学用辅导》,人民出版社 2019 年版,第 111 页。

担当的时代接力,引导现在的党员干部在国家建设中承接使命。第三,感悟南水北调干部伟大担当的价值原点,在国家建设中实现使命。党员干部在国家建设中践行南水北调精神,不仅需要承接历史使命,更重要的是实现历史使命。作为跨越半个世纪的宏大工程,南水北调工程始终没有被党和人民放弃,归根到底在于工程本身就是一项民生工程,是实现人民美好生活需要的重要基础设施。因此,践行南水北调精神就是要感悟南水北调干部伟大担当的价值原点,引导现在的党员干部在国家建设中实现使命。

第四节　生态文明建设中践行南水北调精神

生态文明建设是关系中华民族永续发展的根本大计。党的十九大报告在论述生态文明建设重要性时,前所未有地提出了"像对待生命一样对待生态环境"。党的十九届四中全会通过的《中共中央关于坚持和完善中国特色社会主义制度、推进国家治理体系和治理能力现代化若干重大问题的决定》,则明确提出坚持和完善生态文明制度体系,促进人与自然和谐共生。可以说,国家层面上的重视使得我国生态文明建设进入了新时代。南水北调精神蕴含的丰富生态价值理念及生态治理思想,对于推动我国生态文明建设具有很好的借鉴意义。反过来,也可以推动南水北调精神的践行。

一、生态文明建设中践行南水北调精神的意义

精神对人们实践活动有着浸润、指导的作用。生态治理是当下中国生态建设的重要实践,需要更多的生态治理意识的浸润和治理智慧的指导。南水北调工程的建设过程体现了鲜明的生态价

值取向,积累了许多值得借鉴的生态治理经验。因此,在生态文明建设中践行南水北调精神,可以强化生态治理意识、汲取生态治理智慧。

在生态文明建设中践行南水北调精神可以强化生态治理意识。生态意识是当代社会发展到一定阶段的产物。恩格斯指出:"我们不要过分陶醉于我们人类对自然界的胜利。对于每一次这样的胜利,自然界都对我们进行报复。"①由于社会发展阶段的滞后和社会经济技术的薄弱,过去我国在发展中存在高能耗、高污染的经济发展方式,对土地、空气、水资源造成了严重污染。在以经济建设为中心的发展思路下,很长一段时间"金山银山"摆在了"绿水青山"前面,生态保护的理念很难在实践层面予以践行。随着中国综合国力的不断增长,环境保护越来越受到重视,表现为:党的十八大报告首次将"生态建设"纳入到中国特色社会主义建设"五位一体"的总布局中;"绿色发展"纳入到新发展理念,经济发展方式转向环保可持续;生态治理现代化成为国家治理体系和治理能力现代化的重要内容;生态保护的有关宣传从政府向民众铺开,渗透到社会各个角落。种种迹象表明我国政府正在致力于生态保护意识的觉醒与落地,生态文明建设成为当下中国重要的社会实践。

南水北调精神中和谐共生理念蕴含着生态思想,在生态文明建设中践行南水北调精神可以强化人们的生态治理意识。首先,南水北调工程体现了生态治理的自觉性。河南淅川县库区网箱养鱼是当地的支柱性产业。2007 年淅川县成为"河南十大水产重点县",沿库群众 80％以上的经济收入来自网箱养殖。2014 年 2 月 16 日国务院公布《南水北调工程供用水管理条例》,第二十六条规

① 马克思、恩格斯:《马克思恩格斯选集》第 3 卷,人民出版社 2012 年版,第 998 页。

定：丹江口水库库区和洪泽湖、骆马湖、南四湖、东平湖湖区应当按照水功能区和南水北调工程水质保障的要求，由当地省人民政府逐步组织拆除现有的网箱养殖、围网养殖设施，严格控制人工养殖的规模、品种和密度。虽然国务院的文件没有强调丹江口水库，但是淅川当地政府与人民自己知道保障中线水质的重要性。于是，2014年淅川县县委、县政府出台《淅川县取缔丹江口库区网箱养鱼工作方案》，先后取缔拆除网箱54729箱。其次，南水北调工程体现了生态治理的全线性。南水北调工程的东线与中线省份都进行了水质的整治工作。沿着这两条线路，生态建设同步跟进，从源头的水质保护到沿线的江边育林、绿色走廊，从工业污水处理到生活垃圾处理，生态保护贯穿南水北调工程全线。最后，南水北调工程体现了生态治理的坚决性。为确保东线水质，沿线的山东、江苏两省确定输水线水质目标与治理措施，落实地方行政首长负责制，大力优化产业结构，关停高污染企业。为确保丹江口水库水质，2013—2014年湖北省十堰市开展"清水行动"4次，挂牌督办企业10家。2017年3月湖北丹江口市启动"雷霆行动"，重点整治库区非法养殖行为。可以说，南水北调工程建设中有着鲜明的生态治理理念与坚决的生态治理行动。因此，在当下生态文明建设中践行南水北调精神可以强化生态治理意识。

　　在生态文明建设中践行南水北调精神可以汲取生态建设智慧。生态文明建设是自然性与社会性的统一，孤立地、片面地看待生态治理问题是缺乏智慧的表现。习近平总书记指出："推动形成绿色发展方式和生活方式是贯彻新发展理念的必然要求，必须把生态文明建设摆在全局工作的突出地位，坚持节约资源和保护环境的基本国策，坚持节约优先、保护优先、自然恢复为主的方针，形成节约资源和保护环境的空间格局、产业结构、生产方式、生活方式，努力实现经济社会发展和生态环境保护协同共进，为人民群众创造良好生产生活环境。"①习近平总书记这番话精辟地说明了自然环境保护与产业结构调整之间的内在关系。可以说生态文明建设既需要生态意识、生态理念的引导,同时也需要生态治理智慧的点拨。

　　生态治理智慧来源于生态治理的社会实践。南水北调工程的建设积累了许多生态治理经验,可以为当下生态文明建设贡献生态治理的智慧。在关于水资源治理方法的优先次序上,2000 年 10 月 15 日,时任总理朱镕基在听取国务院有关部门领导和各方面专家意见时强调"规划和实施南水北调工程必须注重节水、治污和生态环境保护",并明确提出了"先节水后调水、先治污后通水、先环保后用水"的原则。鄂陕豫三省按照这个原则,开展了水源地的水质整治与保护工作、关闭污染企业、建设绿色走廊,将沿线的水域划分为"水源区""线路区""用水区",通过这些举措使"南水"在抵达北京、河北、天津地区之前就已经实现了水质达标。在生态治理的系统思维上,南水北调工程中的生态治理体现了自然性与社会性的结合。淅川县为了实现生态效益与经济效益的同步,大力发展特色农业,采用"公司＋基地＋农户"的模式鼓励并补贴当地农民种植茶叶、金银花、软籽石榴。不仅如此,淅川县还引进新兴产业来增加就业,为生态保护留足了经济空间。在生态治理项目的功能上,南水北调工程生态治理实现了生态功能、生产功能、生活功能三者的结合。南阳渠首示范工程在干渠两侧营造防护林和农田林网组成的高标准生态走廊,寓水质保护、经济发展、景观效应于一体。类似的还有许昌市精心打造的"五湖四海畔三川,两环一水润莲城"的市域生态水网,郑州市的集生态涵养、文化传承、休闲游憩于一体的绿色景观走廊,这些工程都具备生态价值和旅游价

---

① 习近平:《习近平谈治国理政》第 2 卷,外文出版社 2017 年版,第 394 页。

值。生态治理智慧在南水北调工程的建设中还有许多。因此,在生态文明建设中践行南水北调精神可以汲取生态建设智慧,为其他领域、其他地区、其他工程中的生态建设提供有益经验。

二、生态文明建设中践行南水北调精神的逻辑依据

在生态文明建设中践行南水北调精神有其内在逻辑。随着中国社会治理理念的进步,生态治理在成为社会意识的同时,也在成为当下重要的社会实践。南水北调精神蕴含着丰富生态文明理念和生态治理智慧,这些生态文明理念和生态治理智慧需要在当下的生态文明建设中寻求践行的土壤,反过来南水北调精神蕴含着的生态文明理念和生态治理智慧可以满足当下生态文明建设的需要。

生态文明建设是南水北调精神践行的重点场域。生态文明是人类为保护和建设美好生态环境而取得的物质成果、精神成果和制度成果的总和,是贯穿于经济建设、政治建设、文化建设、社会建设全过程和各方面的系统工程,反映了一个社会的文明进步状态。据此可以推断,生态文明建设是为了实现人与自然之间的和谐而普及生态文明理念、转变经济发展方式、进行技术创新、养成生态环保行为、建立生态法规制度的一系列行为的总和。质言之,生态文明建设是一项复杂的社会实践活动。

党的十八大以来,我国生态文明建设历经了从提倡理念到采取行动的转变过程。在习近平生态文明思想的指导下,我国生态文明建设取得了多方面的建设成就。作为中国特色社会主义建设的重点内容,生态文明建设呈现出长期性、立体性、广泛性、制度性等特征。从长期性来看,当前我国依然处于生态文明建设的初始阶段。新时代生态文明建设是从党的十八大开始的,到现在已有

9 年多，并且在未来的社会主义建设中还将继续进行。从立体性来看，当前中国生态文明建设实施多领域全方位的"组合拳"，包括国民生态观培育、生态法律法规制定、生态监督与责任体系建立、生态示范区、生态治理国际合作、经济发展方式转型、环保技术研发等。当下中国生态文明建设已经渗透到了政治、经济、文化、社会各个领域。自然环境治理涉及山川、湖泊、海洋、大气、土壤；生活环境治理从家居到公共区域；生态教育贯穿小学到大学、政府到民众、企业到家庭。从广泛性来看，生态环境治理在全国范围内得以实施，包括西北地区的沙漠治理、黄土高原的水土流失治理、东部的空气污染和水污染治理。从制度性来看，监管体系、保障制度、法律体系正在逐步完善并实施。行政监管上，建立健全区域环境影响评价制度和区域产业准入负面清单制度；通过省以下环境保护监测监察执法垂直管理与惩罚造假；建立"河长制"与"湖长制"。保障制度上，推行绿色金融体系、环境保护投融资体系。法律体系上，史上最严的《环境保护法》和其他环境法律法规得以建立。党的十九届四中全会更是再一次强调了生态治理体系和治理能力的现代化。总而言之，当前我国生态文明建设的实践活动为南水北调精神的践行构筑了重要的场域。

南水北调精神蕴含的生态思想及思维与生态文明建设的生态理念相契合。生态文明建设是关系中华民族永续发展的根本大计。生态文明建设需要一定的生态价值观指导。习近平总书记从党的十八大开始就提出了许多符合中国社会发展实际又反映未来趋势的生态理念，包括"绿水青山就是金山银山"的理念，"尊重自然、顺应自然、保护自然"的理念，"绿色发展、循环发展、低碳发展"的理念，"用最严格制度最严密法治保护生态环境，加快制度创新，强化制度执行，让制度成为刚性的约束和不可触碰的高压线"的理念。就当前我国生态治理的成就来看，习近平总书记提出的生态理念满足了我国现阶段生态文明建设的需要。

南水北调工程蕴含着丰富的生态思想,与当下习近平总书记提出的生态理念相契合。首先,南水北调工程体现了人与自然和谐发展的思想。在工程的可行性论证方面,南水北调工程的实施是建立在对南北方水资源的测定评估、对工程地理地势考察分析的基础上,顺应了自然地理的客观环境,充分利用现有的水库与河道。在工程的建设目的方面,南水北调工程的设计与建设有着明确的生态价值考量,致力于北方生态环境的恢复。南水北调工程的建设,使得北方地区的城市的河道与湿地保持常年的水流,改善了当地的水质,促进了人与自然的和谐相处。得益于南水北调工程,河南许昌市再现北宋时期的"莲城"那种红绿交映、十里荷花、江湖极目、风景如画的景观。其次,南水北调工程体现了绿色发展的理念。作为"五大发展理念"之一的"绿色发展理念"在南水北调工程的建设中得到了充分的体现。河南、河北、陕西共关停造纸、化工、制药、电镀、矿产加工等 1000 多家注册的污染企业,从源头上减少了污染排放。① 淅川县落实绿色生态发展理念,出台文件制定一系列优惠政策,发放补助补贴和贷款,帮助农民重点发展生态农业,引导农民栽种金银花、茶叶、毛竹等既无污染又能固土的环保植物。② 最后,南水北调工程体现了生态治理的制度思维。南水北调东线工程的山东省在水源地实施"两减三保"(减少农药、减少化肥,保产量、保质量、保环境)计划。山东与江苏两省还颁布了《山东省南水北调沿线地区水污染防治条例》《江苏省长江水污染防治条例》等文件。国务院批转了《南水北调东线工程治污规划实施意见》,两次批复《丹江口库区及上游水污染防治和水土保持

---

① 刘道兴:《南水北调精神初探》,人民出版社 2017 年版,第 132 页。
② 刘道兴:《南水北调精神初探》,人民出版社 2017 年版,第 132 页。

规划》。由上可知，南水北调精神蕴含的生态思想与思维符合当下生态文明建设的理念要求。

三、生态文明建设中践行南水北调精神的思路与途径

生态文明建设是一个综合性的社会实践活动，不仅仅包括一般的生态保护，同时也包括生态修复；既有对自在自然的保护，也有对人化自然的保护，比如城市建设。基于此，我们可以得出生态文明建设的思想也具有多个层次的内涵。因此，在生态文明建设中践行南水北调精神，需要发掘其中蕴含的多个层次的治理观。

领会南水北调的辩证治理观，指导重大生态修复工程。十九届四中全会《决定》指出："必须践行绿水青山就是金山银山的理念，坚持节约资源和保护环境的基本国策，坚持节约优先、保护优先、自然恢复为主的方针，坚定走生产发展、生活富裕、生态良好的文明发展道路，建设美丽中国。"生态文明建设既要注重保护优先，同时也要注重修复补充。生态修复是指在生态学原理指导下，以生物修复为基础，结合各种物理修复、化学修复以及工程技术措施，通过优化组合，使之达到最佳效果和最低耗费的一种综合的修复污染环境的方法。

生态修复是南水北调工程的一项重要使命。南水北调工程沿线北方地区长期存在生态失衡的问题。有效而长期地解决南水北调沿线的生态失衡问题，需要辩证地处理好南方与北方、经济与社会、人口与资源、发达地区与欠发达地区、工业与农业、上游与下游、供水区与受水区等关系。实际上，南水北调工程中线通水四年以来，很大程度上改变了北京、天津等北方地区的供水结构，使得城市水质发生明显变化，沿线河流湖泊的生物多样性得到了较好的恢复。这恰恰说明了南水北调工程的设计辩证性地把握了沿线

的生态关系。

当前,中国有许多重大的生态修复工程正在开工建设。在生态修复工程中践行南水北调精神,要领会南水北调的辩证生态观,指导重大生态修复工程。首先,要领会南水北调生态治理的整体性,以整体性思维指导生态修复工程。南水北调工程是一项跨流域、跨地域的系统工程,工程的推进必须要从整体上予以把握,处理好南方与北方、上游与下游、供水区与受水区之间的关系。因此,践行南水北调精神需要准确领会南水北调工程生态治理的整体性,在当下的生态修复工程中克服头痛医头脚痛医脚的局部思维。其次,要领会南水北调生态治理的互益性,以互益性思维指导生态修复工程。南水北调生态治理不是单纯的自然环境恢复,而是认识到了原有生态环境失衡背后的社会经济原因。在转变经济发展方式的同时实现了自然环境保护的可持续,同时客观上又促进了经济发展方式的转型。因此,践行南水北调精神需要准确领会南水北调工程生态治理的互益性,在当下的生态修复工程中克服狭隘与割裂。最后,要领会南水北调生态治理的协同性,以协同性思维指导生态修复工程。南水北调生态治理是通过多个部门、多个项目、多地资源的有序协同推进来完成的,而绝非依靠环保一个部门,单个项目来实现的。因此,践行南水北调精神需要准确领会南水北调工程生态治理的协同性,在当下生态修复工程中要避免孤立主义和本位主义,通过经济共助、政治共建、文化共融、社会共治来实现可持续的生态协作和生态产品供给。

学习南水北调的绿色发展观,促进经济发展方式转变。习近平总书记曾经指出:"推动形成绿色发展方式和生活方式,是发展观的一场深刻革命。"①绿色发展观是基于社会经济发展的生态化

---

① 习近平:《习近平谈治国理政》第2卷,外文出版社2017年版,第395页。

大趋势、资源危机和环境恶化的现状而提出的,记录着人类社会发展模式由"黑色发展"向"绿色发展"的转变。南水北调工程的建设无可避免地会对沿线经济发展产生了重大影响,在此情况下,南水北调沿线的省市县开始转变经济发展方式,探索绿色发展的新思路,并最终形成了具有鲜明特征的绿色发展观念。

　　学习南水北调的绿色发展观,促进经济发展方式转变以践行南水北调精神,需要把握好其绿色发展观的突出特征:一是坚持生态富农。在强调保护优先的原则下,生态文明建设不能忽视农村、农业、农民,原因是农村地区既属于经济发展的边缘地带,也属于生态保留地。过去由于受到传统发展观念影响,部分人认为经济发展本身就是破坏性的。在这样的经济发展观的影响下,农村生态保留地正在逐步被侵蚀,表现为耕地被占用、山林被毁坏、水域生物多样性减少等。解决以上问题,首先必须更新发展观念,以绿色发展观念取代旧有的观念。南水北调工程的建设中,很多县市不惧暂时的经济受损,坚定地实施绿色发展,走出了一条以农村生态实际为基础,"靠山吃山""靠水吃水",充分发挥生态优势的富民路子。因此,践行南水北调精神,需要学习南水北调的绿色发展观,坚持生态富农,在不破坏生态基础的前提下发展特色农业,发掘生态本身的经济价值。二是注重绿色科技产业。理解绿色发展观,需要首先理解"绿色"。这里说的"绿色"有两重含义,第一层是自然环境意义上的绿色,第二层社会学意义上的绿色,包括经济发展方式的环保、居民生活习惯的环保。在南水北调工程的生态治理中沿线县市非常注重发展绿色科技产业,如生物制药、绿色能源、新材料、互联网产业,很好地展现了其绿色发展观。因此,在当下的生态文明建设中,要学习南水北调的绿色发展观,注重发展绿色科技产业。

　　借鉴南水北调的生态城建观,推进美丽城市建设。"美丽城市"概念的提出最早来源于党的十八大提出的建设美丽中国的口号,其核心在于生态城市。生态城市是社会和谐、经济高效、生态良性循环的人类居住形式,是自然、城市与人融为有机整体所形成的互惠共生结构。所以说生态型城市不仅是经济发展方式、社会运行方式、市民生活方式的一场深刻变革,更是城市发展方式的一场深刻变革。因此,建设美丽城市,必须首先建设好生态城市,以优良的生态环境构建起城市美的核心要素。南水北调工程中线工程沿线的城市郑州、许昌致力于生态城市建设,取得了良好的效果,打造得别具一格的生态城市恰似镶嵌在南水北调中线工程上的亮丽明珠。

借鉴南水北调的生态城建观,推进美丽城市建设以践行南水北调精神,需要把握好其生态城建观的鲜明特征:一是生态城市建设要以水资源为基础。水是生命之源,城市因水而兴。这一点在南水北调生态城市建设中得到了最为鲜明的体现。南水北调工程沿线的北方城市因为水资源的缺乏造成城市生态的失衡。中线工程开通后,河南郑州市在干渠两侧建立生态文化公园。生态文化公园在设计上按照"一水、两带、五段、多园"的功能进行布局。生态文化公园设置大面积的集水区,雨水多时蓄水、净水,干旱的时候将存水释放。许昌市则大力开展"水生态文明城市"建设,精心打造"五湖四海畔三川,两环一水润莲城"的市域生态水网,形成以水为核心的文化景观带。两个城市的生态城建观的共同点都是注重发挥水资源在构建城市生态体系中的基础作用。在当下的美丽城市建设中,要认真借鉴南水北调生态城建观,重视水资源的基础作用。在水资源丰富的南方城市要注重对城市水源地保护,防止水资源的污染,尽最大可能性发挥水资源在生态城市构建中的作用。在水资源缺乏的北方城市,要注重对城市水资源的高效利用,保护当地地下水资源,确保水资源在生态城市的建设中的底线作用,确保美丽城市建设。二是生态城市是自然、城市、人的共生体。建设生态城市绝不是纯粹意义上的大自然内部循环,而是自然、城市、居民三者之间的和谐共生。河南郑州市和许昌在建设生态城市的时候,都考虑了自然环境恢复、旅游景点开发、居民娱乐生活三个方面的内容,并且三个方面的建设是融通于生态工程之中,形成共生体。所以,借鉴南水北调的生态城建观,推进美丽城市建设,需要在当下的美丽城市建设中最大程度上实现自然、城市、人之间和谐共生,使自然环境具有人文价值,使城市景观具有自然特征、使居民生活持久健康。

结束语

习近平总书记在党的十九大报告中指出："经过长期努力,中国特色社会主义进入了新时代,这是我国发展新的历史方位。"①中国特色主义进入新时代,意味着人民不再只局限于对物质的追求,精神需要也显得更为突出。可以说,新时代是一个更加需要精神,呼唤精神的时代。对此,习近平总书记也在多个场合表达了对革命精神、斗争精神、奋斗精神等先进精神的重视,"我们的生活好了,但奋斗精神一点都不能少。"②同样可以反过来说,新时代是各类精神得以广泛宣传,大放异彩的时代。因而,在新时代研究、弘扬、践行南水北调精神,可谓是恰逢其时。

从 20 世纪 50 年代,宏大的南水北调工程正式开始。从不畏艰辛踏入人迹罕至的青海西藏地区进行科研调查,到丹江口水库建设的第一声炮响,再到中线一期工程的顺利完工,半个世纪已然过去。在这半个世纪里,发生了许多感人至深的故事,涌现了许多值得敬佩的英雄人物。这些故事与故事里的人,都一同展现了时代的光辉与中国人民的质朴善良。南水北调工程中的移民群众、基础干部、建设者,见证了共和国从百废待兴到蒸蒸日上,从物质技术薄弱到科技创新突飞猛进。这项功在当代、利在千秋的伟大

---

① 《习近平谈治国理政》第 3 卷,外文出版社 2020 年版,第 8 页。
② 《习近平谈治国理政》第 3 卷,外文出版社 2020 年版,第 335—336 页。

工程,注定要在中华水利史上占据极为重要的地位。当然,留给国人的不仅是南水北调工程这一伟大的民生工程,还有镌刻在中国人民心中的南水北调精神。

当前学术界对南水北调精神的研究已经取得了阶段性的成果,同样也存在些空白或者薄弱之处,需要引起社会各界的重视。

一是关于南水北调精神内涵的凝练。南水北调精神是中国精神的重要组成部分,是孕育于南水北调工程实践中的民族精神和时代精神。南水北调精神既有其他水利精神一样的精神内涵,同时又铸融了时代性的内容,是极为值得研究、弘扬、践行的精神成果。从文化结构论来看,南水北调精神是一种精神文化。发挥精神文化的效用,需要社会主体对其进行深刻的理解、广泛的宣传,更需要将其化为推动中国当下社会主义建设的精神力量与智慧源泉。回顾当前学术界对南水北调精神的内涵的凝练,在内涵的认识上大同小异,基本是围绕爱国、奉献、奋斗这样的要义予以阐释,形成了人民至上、舍家为国、艰苦奋斗、奉献担当、团结协作等文本表述。但是缺少对现实实践的关照或者说未能发掘其中的独特内涵。当前,生态文明建设已经纳入到了中国特色社会主义建设的总布局当中去了,生态文明理念越来越成为社会的广泛共识。因而,在凝练南水北调精神的内涵上,本课题组充分发掘南水北调工程中蕴含的生态文明理念,提出"和谐共生"的内涵以关照现实。最后,结合现有关于南水北调精神内涵提炼的成果,最终提出"艰苦奋斗、舍家为国、精益求精、和谐共生"的南水北调精神内涵。这种内涵的文本表述,算是对当前关于南水北调精神内涵凝练的一种完善。

二是南水北调精神资源的系统性开发。就当下南水北调精神的研究及其宣传工作来看,缺少对南水北调精神资源的系统性、规范性研究与开发,这在客观上严重制约了南水北调精神的社会辐射面和文化影响力,同时也削弱了人民群众对精神资源享有的实现。围绕这个问题的解决,在未来的研究中,需要以科学认真的态度对南水北调精神资源进行系统性保护、开发、推广,不能只谈精神而不研究精神资源本身。当然,实现对南水北调精神资源的研究与开发,需要政界、学术界、传媒界、民间共同发力。

三是南水北调精神研究的社会支持。南水北调工程的浩大性决定了南水北调精神背后的故事是极其丰富多样的,也奠定了南水北调精神在中国精神版图上的重要地位。这些故事、这种地位需要社会的关注与重视,决不能因为研究和宣传力量的欠缺导致历史被遗忘,精神版图出现塌陷。因而很有必要凝聚南水北调精神研究的社会支撑,既要有官方的报道,也需要民间的口碑相传;既要一如既往地支持学界的规范性研究,也要鼓励南水北调工程建设者、见证者们自发性的故事搜集整理。

学术研究没有完成时,只有进行时。以上关于南水北调精神研究的总结,有的是本书已经完成的内容,有的还只是一种研究建议。我们期待在以后的研究与宣传工作中,有更多社会主体为南水北调故事的整理、南水北调精神的传播提供更加广博且厚实的智力支持、力量支撑。

后 记

　　南水北调工程作为国之大事、世纪工程、民心工程,从20世纪50年代的伟大设想,到2014年南水北调中线一期工程正式通水,其建设历程跨越了半个多世纪,是新中国成立以来体系最复杂、时间跨度最长、工程线路最长、移民强度最大、供水规模最大、受益人口最多的水利工程。半个多世纪以来,南水北调工程建设大地成为中国最耀眼的一方热土,在这片大地上发生了许多感人至深的故事,涌现了许多值得敬佩的英雄人物,孕育了伟大的南水北调精神。对此,梳理南水北调实践史、凝结并弘扬南水北调精神,理应成为新时代学人学术研究的重要责任担当。编著《南水北调精神论纲》一书,不仅是对南水北调精神进行理论的研究和探讨,而且要通过大量具体的事实,对南水北调精神进行挖掘、弘扬与继承。其目的在于让读者从我们提供的具体、翔实的材料中,全面了解南水北调建设者、移民干部和移民群众等的精神风貌,从中受到一定的启发和教育。

　　本书研究主题和框架结构由岳奎教授提出,参加本书编写的人员有:前言(岳奎)、第一章(吴信英、岳奎)、第二章(罗帅虎、牛田盛)、第三章(郭倩),第四、五章和结束语(杨小东),全书最后由岳奎统稿修订。

　　本书在编写过程中参阅和引用了许多专家学者的研究成果和资料,参考了媒体和政府网站等公开报道的经验、事迹、数据资料和文件资料等,行文中并未一一列出,在此向上述有关学者媒体和政府表示深深的谢意!

由于时间仓促,加之认识和研究问题的能力水平有限,本书在写作中难免存在瑕疵与疏漏,敬请读者朋友不吝赐教并批评指正。

著者

2024 年 10 月

图书在版编目(CIP)数据

南水北调精神/岳奎等著. —上海:上海三联书店,2024.12. —(中国共产党精神谱系研究). —ISBN 978 - 7 - 5426 - 8221 - 5

Ⅰ. TV68

中国国家版本馆 CIP 数据核字第 2024Y0N576 号

南水北调精神

著　　者 / 岳　奎 等

责任编辑 / 郑秀艳
装帧设计 / 一本好书
监　　制 / 姚　军
责任校对 / 王凌霄

出版发行 / 上海三联书店
　　　　　　(200041)中国上海市静安区威海路 755 号 30 楼
邮　　箱 / sdxsanlian@sina.com
联系电话 / 编辑部:021 - 22895517
　　　　　　发行部:021 - 22895559
印　　刷 / 上海盛通时代印刷有限公司

版　　次 / 2024 年 12 月第 1 版
印　　次 / 2024 年 12 月第 1 次印刷
开　　本 / 890 mm × 1240 mm　1/32
字　　数 / 200 千字
印　　张 / 8
书　　号 / ISBN 978 - 7 - 5426 - 8221 - 5/D·664
定　　价 / 68.00 元

敬启读者,如发现本书有印装质量问题,请与印刷厂联系 021 - 37910000